[illegible] FRANCE [illegible] COLONIES

La Guerche (Cher)

EMILE DUMAS

[illegible]

[illegible] BÛCHERONS

[illegible]

FÉDÉRATION [illegible] NIÈVRE

[illegible] TRAVAIL

LES BÛCHERONS HORS LA LOI

[illegible]

[illegible] BÛCHERONS

[illegible]

J. BORNET

Secrétaire

[illegible]ÉRATION [illegible] BÛCHERONS

Dessin de R. Coëylas.

AU LECTEUR

Ce qui fait que jusqu'à ce jour le prolétariat forestier est resté en arrière du prolétariat des villes, c'est que n'ayant pas reçu l'instruction et l'éducation nécessaires pour pouvoir se faire une notion exacte de l'infériorité de sa situation, il n'a pas vu qu'au fur et à mesure que se développait la science et que le progrès envahissait toutes les branches de l'activité humaine, le travailleur de la ville, de l'usine et de l'atelier suivait ce mouvement ascendant, arrachait bribe par bribe, plus de bien-être et de liberté et transformait son milieu. C'est ce qui explique pourquoi les travailleurs de la campagne ont toujours été dans un état d'infériorité, comparativement à leurs camarades des villes.

Pour bien saisir toute l'importance de cette différence, il suffit de jeter un coup d'œil sur la législation ouvrière depuis 1890, jusqu'à nos jours, et nous verrons que ceux qui ont légiféré en faveur des ouvriers de l'industrie et du commerce, n'ont rien su faire pour l'ouvrier rural. Celui-ci a toujours été considéré comme un être à part dans la société, et l'imagination se trouve douloureusement frappée en présence de ce lamentable état de chose.

Mais il n'est pas de question plus urgente, plus essentielle que celle de l'assurance contre les accidents du travail, étendue aux ouvriers bûcherons et que vient d'examiner et d'étudier notre délégué au Comité de la Confédération Générale du Travail, notre camarade Emile Dumas.

Dans l'étude à laquelle il vient de se livrer, Dumas a montré avec un zèle consciencieux, une documentation précise, toute la profondeur du fossé que le législateur a creusé entre le prolétariat de l'industrie et le prolétariat forestier. Il dénonce les erreurs voulues des parlementaires, la résistance égoïste et mal avisée des exploitants forestiers, la complicité de l'Etat et les contradictions de la jurisprudence. C'est ce qui fait de cette brochure, un réquisitoire formidable qui devra être dans les mains de tous les bûcherons et de tous ceux que cette question intéresse.

Quoique de date assez récente, puisqu'elle ne remonte qu'à une dizaine d'années, la loi du 9 avril 1898, sur les accidents du travail, a suffisamment montré aux travailleurs, les avantages qu'elle pouvait leur procurer et puisque avantage il y a, les bûcherons se doivent de faire le nécessaire pour conquérir cette réforme.

En lisant cette brochure claire, précise, les bûcherons comprendront comment ils doivent s'organiser, de quel côté ils doivent diriger leurs efforts pour que dans un avenir assez proche, eux aussi soient protégés contre les accidents dont ils peuvent être victimes dans la forêt. Une grande injustice, une grave inégalité auront ainsi disparu, et l'ouvrier forestier sera l'égal de son camarade de la ville, avec lequel il est désormais résolu de lutter avec passion pour l'émancipation intégrale du Prolétariat.

Nous espérons que chacun fera le nécessaire pour arriver à ce but, et le jour où nous enregistrerons cette victoire, nous pourrons dire qu'un grand pas aura été fait.

J. Bornet.

Les Bûcherons hors la loi

Parmi les préoccupations des travailleurs forestiers, il est une question qui domine de très haut toutes les autres : l'extension aux bûcherons et aux paysans de la protection de la loi du 9 Avril 1898, portant réparation des accidents survenus pendant le travail ou à l'occasion du travail.

La chose est-elle possible ?

Bien des objections ont été apportées ; elles ont paru, sans doute, suffisantes aux yeux des Parlementaires, puisque, systématiquement, les ouvriers forestiers et les ouvriers agricoles ont été écartés lors des extensions successives qui ont modifié la loi.

Quelle était la valeur de ces objections, et sont-elles suffisantes pour continuer à laisser une très importante fraction de la classe ouvrière hors la loi ?

Tel n'est pas mon avis, et c'est ce point particulier de la législation ouvrière qui intéresse de la façon la plus sérieuse les camarades bûcherons que j'ai voulu étudier dans cette brochure.

Puisse mon modeste effort, puisse cette contribution de celui qui, depuis sa réorganisation, représente la Fédération Nationale des Bûcherons à la Confédération Générale du Travail, apporter aux travailleurs des forêts, un appoint suffisant pour que, plus ardents dans la lutte, parce que connaissant mieux le but à atteindre et les difficultés à vaincre, ils cessent bientôt d'être des parias parmi les travailleurs.

Premières ébauches.

L'idée du risque professionnel forfaitaire créant un principe nouveau du droit, est déjà ancienne en France. On en trouve une timide ébauche sous la Deuxième République. Loiset, représentant du Peuple, pour le Nord, déposait le

2 juin 1848, une proposition tendant à garantir la sécurité des travailleurs. Flocon, ancien membre du Gouvernement Provisoire, fit allusion dans la discussion, à une indemnité aux ouvriers blessés, comme d'une chose qui allait de soi (1), et, peu après, un membre du gouvernement qui avait été ministre de la justice sous la Monarchie de Juillet, et qui avait présidé le Comité de législation du Conseil d'Etat: Vivien, n'hésitait pas à reconnaître, formuler et sanctionner, comme ministre des Travaux Publics, par des mesures administratives, le principe du risque professionnel, sur lequel devaient plus tard s'étayer les législations modernes en matière d'accidents du travail. Il déclarait dans les considérants de son arrêté du 15 Décembre 1848, qu'il entendait « assurer aux ouvriers employés dans les services des travaux publics et le cas échéant à leur famille, les secours dont ils pourraient avoir besoin, par suite d'accidents survenus ou de maladies contractées (2) dans les travaux » et il ajoutait pour motiver sa décision, que « les soins et les secours à donner aux ouvriers, en cas de maladies ou d'accidents éprouvés pendant les travaux, *constituent une charge réelle des entreprises, une dette imposée par les règles du droit,* aussi bien que par les lois de l'humanité (3). »

Il fallut trente ans pour que la question revînt devant le Parlement, sous la forme d'une proposition déposée sur le bureau de la Chambre, le 19 Mai 1880, par Martin-Nadaud, le député-maçon de la Creuse. En 1882, M. Félix Faure déposa une nouvelle proposition qui fut combattue en 1882 et 1883, par M. Frédéric Passy et échoua. Un projet déposé en 1885 par M. Rouvier, ne fut pas discuté. Enfin, un débat s'ouvrit en Mai, Juin et Juillet 1888, sur deux projets, l'un déposé par M. Félix Faure, l'autre par M. de Mun, et aboutit au vote le 10 juillet 1888, d'un projet de loi comportant 52 articles, dans lesquels les ouvriers agricoles et forestiers étaient compris, projet que le Sénat remaniait profondément et réduisait en un dispositif nouveau, comprenant 21 articles et qui fut voté le 24 Mai 1890.

Nous ne suivrons pas la loi dans les nombreuses discussions qui eurent lieu en 1890 à 1898. Qu'il nous suffise de

---

(1) Georges Renard. Histoire Socialiste. La Deuxième République Française, p. 299.

(2) Une proposition de loi sur les maladies professionnelles, déposée en 1901 — 55 ans plus tard, et en 1903, par J.-L. Breton, député, et un projet déposé en 1905, par le gouvernement, ne sont pas venus encore en discussion au Parlement.

(3) Georges Paulet. Rapport au Congrès International des accidents du travail, Paris 1900.

dire que le Prolétariat comprenant l'importance capitale de la future réglementation, dépensait dans ses organisations syndicales et politiques, une activité considérable, pour la voir enfin aboutir.

Après de nombreux voyages, aller et retour, de la Chambre au Sénat, et sous la pression de la classe ouvrière, la Chambre votait le 26 Mars 1898, la loi qui, promulguée le 9 Avril 1898, créait enfin un droit nouveau, résultant des conditions nouvelles, nées de la vie économique moderne.

Plus de trois cent mille bénéficiaires.

Pour montrer combien pour le monde ouvrier, est grande l'importance de la loi sur les accidents, qu'il nous suffise de dire que dans les professions assujetties, on a compté en 1906:

1.409 ouvriers tués,

4.055 ouvriers estropiés et

296.000 ouvriers blessés et tous ont reçu, eux ou leurs familles, les indemnités légales.

Si la discussion parlementaire avait paru laisser indifférente la masse ouvrière des campagnes, qui avec un fatalisme et une résignation déplorables, accepte des conditions de vie lamentables, il n'en n'était pas de même des militants des syndicats bûcherons, de ceux qui avaient pris une part si active à l'admirable mouvement de grève de 1892-1893 qui mettant sur pied les bûcherons du Cher et de la Nièvre, brisant avec un passé de douleurs et de misère, obtinrent au prix des pires sacrifices, l'amélioration des conditions de travail de la corporation.

L'organisation syndicale bûcheronne.

Il nous faut examiner quelle était la situation des syndicats de bûcherons pendant la période définitive du vote de la loi.

Le mouvement de grève de 1892-1893 avait provoqué une magnifique floraison syndicale dans le Cher et dans la Nièvre. Sous la pression des circonstances, partout les bûcherons se groupaient pour arracher un peu plus de mieux-être. L'antique bûcheron de la légende, le miséreux logé au fond des bois, celui qui, disaient les vieilles histoires, acceptait de la châtelaine les aumônes, avec lesquelles il pouvait élever sa famille, disparaissait et à sa place, se levait l'homme nouveau, digne et fier, qui jamais ne ménagea les sacrifices dans les luttes pour la Liberté et voulait en travaillant faire vivre les siens et élever convenablement sa famille.

Au commencement de l'hiver de 1891, la lutte s'engagea,

car les bûcherons désiraient au sens réel du mot pouvoir donner du pain à leurs enfants (1) puisque la République pour laquelle, ils s'étaient dépensés sans compter ne s'occupait pas d'eux.

Il n'existait alors en France, que deux syndicats de bûcherons, comptant 71 adhérents et ils avaient leur siège dans les Ardennes. En 1892 le nombre des syndicats s'élève à 37 avec 4.777 syndiqués : 15 syndicats pour le Cher avec 1.457 syndiqués, 12 pour le Loiret avec 813 syndiqués et 8 pour la Nièvre avec 2.436 syndiqués. En 1893 le nombre des syndicats est de 54 avec 6.448 syndiqués et atteint son apogée en 1894 avec 66 syndicats et 7.055 syndiqués. Puis après, ce fut la décroissance, les syndicats s'émiettent, la Fédération fondée le 27 mars 1892 à Meillant (Cher) et qui avait tenu neuf Congrès, disparaissait. Ce fut le silence, l'immobilité, la léthargie.

Le Congrès de Bigny-Vallenay, tenu le 28 avril 1895 marqua définitivement le déclin.

Il nous faut arriver au 29 juin 1902, date du Congrès organisé à Bourges par la Bourse du Travail, pour voir renaître la Fédération des Bûcherons qui tient aujourd'hui une place si considérable dans le mouvement d'émancipation ouvrière.

Pendant ces sept années, l'organisation syndicale avait considérablement grandi en France. Chaotique à son aurore elle s'était disciplinée dans la Confédération Générale du Travail, fondée en 1895, précisant ses moyens, coordonnant sa méthode et devenant une puissance consciente, avec laquelle la bourgeoisie devait compter.

Des lois ouvrières étaient votées, mais seuls purent en profiter ceux qui suffisamment organisés, étaient à même de faire sur le Parlement, la pression utile et nécessaire, et, si les Bûcherons n'ont pas été compris dans la sphère de protection de la loi de 1898 sur les accidents du travail, il ne faut en chercher d'autres raisons que leur complète désorganisation syndicale au cours de la discussion définitive du vote de la loi.

Si les syndicats de bûcherons avaient encore existé, si groupés dans leur Fédération, comme en 1893 et comme aujourd'hui, ils avaient été forts et puissants, ils auraient pu faire l'action directe nécessaire pour obliger le Parlement à ne pas les mettre *hors la loi*.

Puisse la leçon et les graves conséquences que ceux qui

---

(1) Un boulanger d'Uzay-le-Venon (Cher) a qui il était dû plus de six mille francs de pain, refusa en 1891 de continuer plus longtemps à faire crédit. Ce fut ce qui déchaîna le mouvement de grève.

nous feront l'amitié de nous lire, verront plus loin, suffire pour prouver à tout jamais aux travailleurs, qu'isolés ils ne sont rien et ne peuvent être puissants que s'ils sont étroitement unis dans leurs organisations prolétariennes.

Les Congrès bûcherons étudient la question.

Aussi, dès la réorganisation des Syndicats et de la Fédération, la question se trouva à nouveau posée d'elle-même et dans tous les Congrès, qui régulièremnt se succédèrent chaque année dans les centres forestiers du pays, l'extension de la loi sur les accidents du travail fut discutée et étudiée.

Le Congrès de Nevers (1903) décidait d'envoyer au Ministre de l'Agriculture une délégation qui fut reçue le 7 décembre 1903. Précipitant les choses, le secrétaire de la Fédération envoyait aux députés des régions forestières une lettre leur demandant d'intervenir en faveur des Bûcherons.

A un moment on crut avoir atteint le but. La Chambre discutait le remaniement de la loi de 1898 en vue de son extension aux exploitations commerciales. M. Boucher, député des Vosges, ancien ministre du Commerce, tenta le 9 juin 1904 de rémédier à l'injustice qui laissait les Bûcherons en dehors du rayon de protection de la loi.

Il se proposait, disait-il, de faire cesser une jurisprudence hésitante, sinon contradictoire, et de faire en sorte que les très nombreux ouvriers qui exploitent nos forêts, puissent bénéficier de la loi de 1898. L'épithète d'agricole appliquée à l'exploitation forestière, ajoutait-il, est évidemment erronée. Les entreprises d'exploitation en forêt, sont de véritables industries. Les bûcherons sont de véritables transformateurs; ils prennent l'arbre couché ou debout, ils l'ébranchent, le débitent en billes, en bûches ou en planches.

On ne saurait mieux dire et l'argument semblait sans réplique. A l'unanimité, confirmant le vote déjà émis le 22 mai 1888, la Chambre modifiait ainsi l'article 1er de la loi de 1898 :

..... Elle (la loi) sera étendue à toutes les entreprises soumises à la patente, qui emploient des salaires à la seule exception des professions **autres que celles relatives aux coupes et exploitations des forêts.**

Enregistrant le vote de la Chambre, le Congrès d'Auxerre (1904) décida que toute diligence devait être faite par le Comité Fédéral, près des membres du Sénat. Les syndicats envoyèrent aux élus de leurs départements : sénateurs, députés, conseillers généraux, d'arrondissement et municipaux une nouvelle lettre indiquant les résolutions prises au Congrès d'Auxerre, parmi lesquelles, celle relative aux accidents du travail et leur demandant une réponse. Neuf conseils municipaux prirent des délibérations conformes aux décisions si modestes du Congrès d'Auxerre et un certain nombre d'élus firent des réponses favorables. La question resta malgré tout en suspens.

Le Sénat contre les bûcherons.

A La Guerche (1905) la question préoccupe toujours le Congrès qui ne voit de solution intervenir et c'est au Congrès de Lurcy-Lévy que les Bûcherons apprennent que le Sénat se désintéressant une fois de plus, des intérêts ouvriers, les avait rayé du nombre des bénéficiaires de la loi.

Le rapporteur, M. Cordelet, sénateur de la Sarthe, nous en dit (1) les raisons :

> La Commission a entendu sur cette question les délégations de la Société des Agriculteurs de France et des marchands de bois de France.
>
> Les délégués des Agriculteurs de France, sans protester absolument contre l'assujettissement à la loi de 1898 des coupes et exploitations forestières, ont insisté pour que le sort des exploitants des forêts fut réglé en même temps que celui de l'agriculture. La Sylviculture est une branche de l'Agriculture : les exploitations forestières sont des exploitations agricoles, les travailleurs qui y sont employés l'hiver sont, le reste de l'année, employés aux travaux agricoles proprement dits. Les ouvriers forestiers travaillent à la tâche, avec leurs outils par petits groupes de trois ou quatre. On donne à un ouvrier, un lot; il fait le travail quand il veut, sans surveillance possible. Il se fait aider par qui il veut, sa femme, ses enfants. Dans l'exploitation des taillis le travail n'est pas plus dangereux que dans l'agriculture. Enfin, l'ouvrier forestier a des salaires très variables. Il résulte de cet ensemble de circonstances que la loi de 1898 ne peut être appliquée aux exploitations forestières que dans des conditions et avec des restrictions que la délégation n'est pas en mesure de faire connaître, la question étant encore à l'étude.
>
> Les délégués des marchands de bois de France ont reproduit à peu près les mêmes explications et insisté surtout sur le caractère agricole des exploitations forestières.
>
> Les coupes ne sont pas assimilables aux chantiers de constructions. Le chantier est un endroit clos, restreint où la surveillance peut s'exercer.
>
> Comment surveiller plusieurs hectares de bois ou forêts?

Les marchands de bois terminaient en déclarant que les

---

(1) Sénat. Rapport N° 60. Session ordinaire 1906. Pages 16 et 17.

bûcherons devaient être assimilés aux ouvriers travaillant seuls et ne pouvaient donc être assujettis à la loi.

Singulières déclarations dans lesquelles autant d'affirmations sont autant d'erreurs volontaires et intéressées.

Nous verrons au cours de cette étude ce que valent ces dépositions qui sont inexactes et basées sur aucune définition sérieuse.

Mais il est tout au moins singulier, ainsi que le faisait judicieusement remarquer un délégué au Congrès de Lurcy-Lévy, que la Commission Sénatoriale, qui a cru utile de consulter les Syndicats patronaux, ait négligé de prendre l'avis des Syndicats ouvriers dont l'opinion était non moins intéressante à connaître.

Dans la discussion (1) le rapporteur confirma les erreurs de son rapport et le Sénat fit sienne, la théorie de son rapporteur, qui n'était elle-même que la manifestation de la résistance patronale à l'application de la loi.

Il est cependant surprenant qu'il ne se soit trouvé aucun sénateur qui, connaissant la question, se soit élevé à la tribune du Sénat et ait prononcé quelques paroles de bon sens et de vérité et reprenant la thèse de M. Boucher, député, ait protesté contre la théorie patronale et montré avec quelle ignorance du travail des forêts, M. Cordelet adoptant l'opinion évidemment intéressée des patrons donnait du métier de bûcheron, une définition contraire à la vérité.

C'est de là que découlent toutes les difficultés futures.

L'indifférence des parlementaires dans une question aussi capitale, donne une énergie nouvelle à la Fédération des Bûcherons et à ses syndicats. La propagande s'intensifie, les réunions se multiplient.

Dans toutes les communes où la chose est possible, dans les plus petits hameaux, dans les Congrès locaux et régionaux, la grande masse des bûcherons est saisie de la question par les orateurs et les délégués de la Fédération.

C'est pour mettre tous les bûcherons à même de connaître à fond le problème, leur fournissant, ainsi que le demandaient les délégués au Congrès de Nevers (1903) des documents prouvant la possibilité d'appliquer immédiatement la loi aux travailleurs des forêts et des arguments pour la discussion, que la Fédération des Bûcherons a décidé d'éditer cette brochure qui, mise entre les mains de tous, largement diffusée dans les milieux forestiers peut laisser espérer, par l'action énergique des travailleurs in-

---

(1) **Journal Officiel,** 27 mars 1906, Page 277. Voir aussi le Compte rendu du Congrès de Lurcy-Lévy. Le **Bûcheron,** octobre 1906.

téressés, conscients de leurs droits, des satisfactions certaines et prochaines.

Les accidents forestiers à l'Etranger.

Les privilégiés de la vie accusent volontiers ,ceux qui en France, veulent améliorer leur condition, de tenter de faire de notre pays, le champ d'expérience du Progrès. L'argument est commode mais il ne repose sur aucune donnée sérieuse. La preuve en serait facile à fournir dans tous les domaines, si cela ne risquait de nous entrainer bien en dehors du cadre que nous nous sommes tracé pour cette étude.

Les accidents du travail nous suffiront pour démontrer une fois de plus, que les citoyens de la République Française sont moins favorisés que ceux des monarchies voisines.

La loi anglaise du 6 août 1897 étendue à l'agriculture le 30 juillet 1900 dit tout simplement dans son article 1er.

> Si dans un travail quelconque un ouvrier est victime d'un accident produit par et pendant ce travail, l'employeur sera tenu de leur payer une indemnité.

La définition est nette et précise et ne permet ni aux juges, ni aux avocats de rechercher le maquis de la procédure, pour y cacher le patron responsable, pendant que les victimes d'accidents crèvent de misère.

En Nouvelle-Zélande, modifiant la loi du 18 octobre 1900, la loi du 30 octobre 1902 détermine :

> ARTICLE 5. — A partir de la mise en vigueur de la présente loi, la loi principale sera appliquée aux ouvriers agricoles.

La loi allemande du 30 juin déclare :

> ARTICLE 1er. — Tous les ouvriers et employés techniques occupés dans les exploitations agricoles ou forestières sont assurés, conformément aux dispositions de la présente loi, contre la suite des accidents survenants dans le travail..

La loi belge du 24 décembre 1903 est ainsi conçue :

> Sont assujettis à la loi les entreprises privées ou publiques désignées ci-après :
>
> I § 9. — Les exploitations forestières.
>
> II § 2. — Les exploitations agricoles qui occupent habituellement trois ouvriers au moins.

On voit que prétendre, selon les clichés officiels, que la France est à l'avant-garde du Progrès est... mettons une inexactitude, en ce qui concerne tout au moins, la protection des ouvriers des forêts en matière d'accidents du travail et aussi les travailleurs en général pour bien d'autres lois ouvrières.

Le projet Chauvin.

Se heurtant à la mauvaise volonté évidente du Sénat, le Gouvernement avait pris à de nombreuses reprises devant la Chambre des Députés, l'engagement de lui présenter un texte de loi étendant la loi de 1898 aux travailleurs agricoles Une commission interministérielle avait été nommée le 25 octobre 1904. Le 5 novembre 1906, le Gouvernement déposait son projet.

Au nom de la Commission d'assurance et de prévoyance sociales, M. Emile Chauvin, député, déposait le 22 février 1907, un très consciencieux rapport sur la question. Mais M. Chauvin qui a fait un rapport très complet pour les ouvriers agricoles, ne connaît rien des conditions séculaires du travail des forêts et son projet est dangereux pour les bûcherons.

La loi sur les accidents du travail est un droit nouveau, M. Chauvin l'interprète suivant une jurisprudence ancienne. Il est vrai de dire qu'il paraît plutôt embarrassé des bûcherons, aussi n'interviennent-ils dans sa discussion que comme des accessoires sans importance et il ne s'occupe d'eux que dans son énumération des professions assujetties. En réalité, il les considère comme des objets inutiles dont il ne croit pas nécessaire d'encombrer sa discussion.

Involontairement, j'en suis convaincu, et peut-être aussi par un souvenir trop classique des leçons reçues à l'Ecole de Droit, il frappe les bûcherons de telle façon que s'il avait la chance de faire rapidement voter son projet de loi par la Chambre, les travailleurs des champs seraient protégés au même titre que leurs camarades de l'industrie et les bûcherons resteraient seuls hors la loi

Je suis persuadé que, puisqu'il considère (1) que « l'équité ne connaît pas de distinctions arbitraires et qu'à de pareilles misères, la loi doit apporter un remède identique » il ne demandera pas mieux que de se rendre à nos raisons.

Le rapport Chauvin si détaillé, si précis et si prévoyant en ce qui concerne les mille détails de la vie agricole ne fait pas état des conditions spéciales du travail des bûcherons et laisse subsister toute la jurisprudence dont on trouvera plus loin la critique et qui tend à les considérer comme sous-entrepreneurs. J'ajoute même qu'il la confirme (2).

Cependant l'attention de M. Chauvin aurait dû être éveil-

---

(1) Rapport n° 77, 1907, Page 5.
(2) Pages 22, 27 et 30 du Rapport.

lée par la lecture du compte rendu du Congrès des Bûcherons d'Auxerre dont il cite un passage à la page 26 de son rapport. L'alinéa qui dans le compte rendu précède celui qu'il signale (1) dit justement les inquiétudes des congressistes qui « redoutent une fausse interprétation des textes qui gagneraient à être plus clairs ».

Tout projet de loi qui ne fera pas état des conditions du travail des bûcherons, salariés, exécutant leur travail à la tâche et non à l'entreprise — puisque seul le bénéfice caractérise l'entreprise — devra être repoussé par eux, parce que par son silence, il les laisse où une jurisprudence erronée les a placés, c'est-à-dire parmi les sous-entrepreneurs.

Si la Commission de la Chambre avait consulté la Fédération des Bûcherons, dont les délégués se seraient volontiers rendus à son appel, peut-être que le texte serait plus précis et partant moins dangereux pour les intéressés.

La loi allemande définit (article 33) ce qu'est l'entrepreneur :

> Est considéré comme entrepreneur, celui pour le compte de qui l'exploitation a lieu.

C'est cette précision que nous aurions aimé voir entrer dans le projet français.

Les bûcherons ne peuvent accepter le projet Chauvin qui, intentionnellement ou non, est dangereux pour eux.

Nous prétendons que la question ne peut être solutionnée que par un projet spécial, simple et facile à établir, ainsi que nous le démontrerons.

La loi du 9 avril 1898.

La loi votée le 9 avril 1898, concernant les responsabilités des accidents dont les ouvriers de l'industrie sont victimes dans leur travail, a été remaniée à plusieurs reprises depuis sa promulgation. Le 30 juin 1899, elle était étendue au personnel des exploitations agricoles occupé aux machines, protégeant ainsi une partie du personnel travaillant aux batteuses. A la suite d'une incessante agitation des syndicats intéressés, le vote de la loi du 12 avril 1906 étendait ses dispositions au personnel des exploitations commerciales.

En montrant simplement les grandes lignes, nous nous bornerons à un court résumé de la loi (2).

---

(1) Une consciencieuse brochure du camarade E. Quillent, président du Conseil de Prudhommes des Métaux de la Seine et secrétaire du Conseil Judiciaire de l'Union des Syndicats de la Seine, contient le texte complet de la loi ainsi que d'excellents commentaires très utiles quant à son application. Elle sera consultée avec profit. La demander au secrétaire de la Fédération.

(2) Pages 36 et 37 du Compte rendu.

Tout ouvrier blessé quelque soit son âge, son sexe ou sa nationalité a droit, Dimanches et Fêtes compris à une indemnité, à la charge du patron, équivalente à une demi-journée de travail, à partir du jour qui suit l'accident si celui-ci dure plus de dix jours. Cette indemnité est due à partir du cinquième jour qui suit l'accident, si celui-ci occasionne un repos de dix jours ou de moins de dix jours.

Le blessé a droit aux soins médicaux et pharmaceutiques gratuits.

Il peut — et nous disons même *IL DOIT* — se faire soigner par un médecin de son choix.

En cas d'incapacité absolue et permanente, l'ouvrier ou employé a droit à une rente égale aux deux tiers de son salaire annuel; pour l'incapacité partielle et permanente à une rente égale à la moitié de la réduction que l'accident aura fait subir au salaire.

Lorsque l'accident est suivi de mort, le chef de l'entreprise supporte les frais d'enterrement jusqu'à concurrence d'une somme de cent francs.

Le conjoint survivant a droit à une rente viagère égale à 20 % du salaire annuel de la victime.

Les enfants légitimes ou naturels, reconnus avant l'accident, orphelins de père ou de mère, âgés de moins de seize ans, ont droit à une rente annuelle calculée sur le salaire annuel de la victime, à raison de 15 % de ce salaire, s'il n'y a qu'un enfant; 25 % s'il y en a deux; 35 % s'il y en a trois et 40 % s'il y en a quatre ou un plus grand nombre.

Pour les orphelins de père et de mère, la rente est portée pour chacun d'eux à 20 p. 100 du salaire.

Si la victime n'a ni conjoint, ni enfants, chacun des ascendants ou descendants qui était à sa charge, recevra une rente viagère égale à 10 p. 100 du salaire de la victime.

Enfin, si la victime ou ses ayants-droits, sont dans l'obligation d'intenter un procès, l'assistance judiciaire leur est acquise de plein droit devant toutes les juridictions.

La loi établissant le risque forfaitaire, les ouvriers ne se trouvent plus obligés de se servir de l'article 1382 du Code Civil, pour obtenir des indemnités en cas d'accidents, engageant alors des procès longs et coûteux qu'ils perdaient le plus souvent.

L'assurance par l'Etat.

Complétant son œuvre, le Parlement votait le 24 mai 1899, une loi étendant les opérations de la Caisse Nationale d'Assurances en cas d'accidents, créée le 11 juillet 1868, à tous les risques prévus par la loi du 9 avril 1898, c'est-à-dire que l'Etat prenait à sa charge au même titre que les compagnies, l'assurance des patrons en cas d'accidents survenus à leurs ouvriers.

Dans nos campagnes l'application la plus courante des contrats d'assurance par l'Etat, est celle du battage dont les conditions forfaitaires permettent aux intéressés, par une simple déclaration et un versement à la Caisse publique la plus proche: postes, percepteur, receveur des finances, etc, d'assurer le personnel assujetti et de se garantir contre les risques d'accidents prévus par la loi.

Cette loi répond en partie aux nombreux travailleurs qui désirent voir l'assurance faite par l'Etat. C'est la simple assurance, ce n'est malheureusement pas encore le monopole.

En 1906, selon le dernier rapport paru, le nombre des contrats signés avec l'organisme d'assurance par l'Etat, a été de 1.215, dont 1.114 contrats industriels qui portaient sur 28.775.412 francs de salaires.

Il a été payé 691.184 fr. 20 de primes industrielles et 5.256 francs de primes, au titre de la loi du 30 juin 1899, sur les risques agricoles.

La caisse a payé 29.605 francs de frais médicaux, pharmaceutiques et funéraires; 61.821 francs d'indemnités journalières.

Je donne ces détails pour prouver l'existence d'une caisse qui est non seulement ignorée, mais très souvent contestée.

Il est souhaitable — et il est probable d'ailleurs — que chaque année, le nombre des assurances directes à l'Etat s'augmente.

C'est en outre le système le plus pratique pour les industriels et les commerçants des campagnes.

Les applications de la loi de 1898.

Qu'est-ce qu'un accident du travail et comment la loi et la jurisprudence le définissent-elles?

L'article 1er de la loi du 9 Avril 1898, détermine que: « L'accident survenu par le fait du travail, donne droit à une indemnité à la charge du chef de l'entreprise » et le tribunal de St-Quentin dit (2): « que l'accident survenu pendant le travail est présumé accident du travail.

---

(1) Quatrième rapport sur l'application de la loi du 9 avril 1898, Page 59.

(2) 7 mars 1908. Ce jugement comme tous ceux qui sont cités dans cette brochure est extrait du **Recueil de Documents sur les Accidents du Travail**; volumes publiés par la Direction de l'Assurance et de la Prévoyance Sociales du Ministère du Travail.

[illegible] Ainsi, [illegible] accidents professionnels sont survenus à un ouvrier qui allait voir l'heure à l'horloge (1), pendant qu'il circulait dans les chantiers (2); au cours d'une querelle provoquée par des observations justes sur le travail (3); à un employé allant chercher de la monnaie dans une banque, pour faire la paie (4); à un charretier sautant de sa voiture (5); à un marinier tombé à l'eau, à bord de son bateau, alors qu'il satisfaisait un besoin naturel (6).

Mais alors que tous les travailleurs de toutes les industries, que les employés de tous les commerçants, qu'une partie du personnel employé aux batteuses, sont protégés par la loi de 1898; par une étrange interprétation des conditions de la vie ouvrière, les bûcherons ont été mis hors la loi, par le législateur et par la jurisprudence.

Dans la discussion, le Sénat décida ainsi qu'on l'a vu, que la loi ne protégeait pas les ouvriers des exploitations agricoles, et considéra que les travailleurs des forêts devaient être assimilés aux paysans, bien que l'exploitation d'une coupe de bois ait un caractère industriel nettement déterminé pour un emploi industriel indiscutable, sans qu'aucune explication plausible n'en soit jamais fournie, on ajoutait toujours, dans la discussion, le mot forestier au mot agricole.

Même en admettant, dit la Cour d'Appel de Nancy (7) que les parterres de la coupe puissent être considérés comme des chantiers, la loi du 9 avril 1898, ne leur serait cependant pas applicable, car ils seraient en ce cas des chantiers forestiers, ayant par conséquent un caractère essentiellement agricole, qui les exclurait de l'application de la loi nouvelle.

Attendu en effet, que les exploitations forestières, telles qu'elles s'effectuent dans les Vosges, ne sont qu'une variété des exploitations agricoles, qu'elles sont de même nature, puisqu'elles ont comme elles pour objet, la mise en valeur ou l'utilisation des produits du sol...

Par la suite, de nombreux jugements confirmeront cette théorie qui reste très discutable, car, si les ouvriers travaillant dans les industries qui ont pour objet la mise en valeur ou l'utilisation des produits du sol, doivent être mis hors du rayon de protection de la loi, la liste doit en être singulièrement allongée.

Non! ce fut tout simplement une définition misérable.

---

(1) Tribunal Civil de Bourgoin, 3 juillet 1901.
(2) Cour d'Appel de Besançon, 24 octobre 1900.
(3) Tribunal Civil de Vienne. 27 février 1902.
(4) Tribunal Civil de la Seine. 22 mai 1901.
(5) Cour de Cassation. 4 août 1903.
(6) Cour de Cassation. 26 juillet 1905.
(7) 15 décembre 1900.

justifiée par ce fait que les travailleurs des campagnes, quelque soient leurs spécialités industrielles ou agricoles, n'étant pas suffisamment organisés pour faire sur les Pouvoirs Publics, la pression utile, l'action directe nécessaire, les législateurs ne voulurent pas prendre l'initiative qui devait leur permettre de profiter des avantages de la première loi réellement humanitaire, que l'agitation persévérante de la classe ouvrière avait arrachée à la résistance du capitalisme depuis longtemps et très bien organisé.

Et il faut dire que si les artisans des campagnes profitent des avantages de la loi sur les accidents, bien qu'inorganisés, isolés et participant peu à la lutte ouvrière, c'est qu'il était difficile de les séparer des ouvriers des mêmes corporations, luttant dans les villes et arrachant la loi au Parlement.

Cependant l'injustice de cette théorie était si flagrante, que la Cour d'Appel de Paris décidait (1) au sujet d'un ouvrier bûcheron qui eut la jambe droite écrasée par la chute d'un sapin qu'il abattait :

... que le marchand de bois patenté et ayant pour industrie d'acheter des arbres, de les faire abattre, débiter, et vendre le bois qui en provient est donc commerçant et qu'on ne peut assimiler à une exploitation agricole, les exploitations auxquelles il se livre...

La Cour de Cassation veillait, cassant le jugement de la Cour d'Appel, elle jugeait (2).

... que l'exploitation d'une coupe forestière lorsqu'elle se borne à l'abattage des arbres, à leur sciage, en permettant l'enlèvement ou l'empilage des bûches est par elle-même un travail agricole, sans qu'il y ait à rechercher s'il y est procédé pour le compte du propriétaire du bois ou pour le compte d'un tiers acquéreur de la coupe...

La Coupe n'est pas un chantier.

En face de la jurisprudence, considérant le parterre de la coupe comme une exploitation agricole, les blessés des exploitations forestières tentèrent de profiter quand même de la loi. Ils continuèrent la lutte en s'inspirant de la définition du mot chantier contenu dans la circulaire ministérielle du 10 juin 1899 :

... le chantier est un groupement dans un emplacement déterminé d'un certain nombre d'ouvriers **employés à la préparation des matériaux,** à des terrassements ou à des travaux quelconques en vue de la construction d'édifices, de ponts, de canaux, de routes...

---

(1) 30 juillet 1901.
(2) 26 octobre 1903.

[illegible] Cour d'Appel de Paris (1) [illegible] la définition :

Considérant que le parterre de la coupe où l'accident s'est produit est un chantier, ce mot se définissant « un lieu où on dépose des matériaux pour les conserver et les travailler », que cette définition s'applique particulièrement dans l'espèce puisqu'on constate, au moment de l'accident tout au moins la présence de trois ouvriers occupés, à l'abattage d'un arbre différent, de deux scieurs de long et de deux charretiers, transportant les tronçons à la scierie, que la multiplicité et la simultanéité des travaux créerait les risques d'accidents qui ont inspiré la nouvelle législation.

Sur la question du caractère agricole de l'entreprise, la Cour ajoutait le considérant suivant qui ne renferme aucune ambiguité :

... Considérant que X..., qui exerce ainsi depuis un grand nombre d'années, la profession de marchand de bois, doit être réputé chef d'entreprise, que les opérations auxquelles il se livrait n'ont pas le caractère d'une exploitation agricole, mais d'un acte de commerce...

Tel est aussi l'avis du Tribunal Civil de Tulle (2) qui dit très nettement :

... attendu qu'il doit être considéré comme constant que l'accident est arrivé dans un chantier, aux termes de la loi du 9 avril 1898 **PUISQUE** l'ouvrier travaillant à la date indiquée **pour l'exploitation d'une coupe de bois.**

La Cour d'Appel d'Angers est du même avis et juge (3) :

Attendu que X... s'était rendu acquéreur d'une coupe de bois dont il revendait les arbres après leur avoir fait subir une transformation qui constituait l'exercice de sa profession.

... Attendu d'ailleurs que ces divers travaux qui pouvaient entraîner des risques nombreux d'accidents étaient exécutés par Thibault, par son fils et par deux autres ouvriers dans le parterre même de la coupe qui constituait ainsi un véritable chantier, c'est-à-dire un endroit où l'on dépose des objets ou des matériaux pour les conserver ou les travailler.

Qu'ainsi l'exploitation constituait une opération industrielle et s'effectuant dans un chantier était soumise aux dispositions de la loi.

La Cour de Cassation annulait (4) ce jugement de bon sens et d'équité, en appuyant sa décision sur les étranges considérants suivants, dont l'insuffisance est manifeste :

---

(1) 2 avril 1901.
(2) 29 mai 1900.
(3) 8 août 1902.
(4) 19 avril 1904.

... Attendu d'autre part que les exploitations forestières constituent par elle-mêmes des exploitations agricoles (1).

Attendu que l'arrêt attaqué pour déclarer, applicable à l'accident survenu à Pierre Thibault, de la loi, se borne à constater qu'il est arrivé sur le parterre d'une coupe forestière dont l'adjudicataire marchand de bois faisait abattre, scier et débiter les arbres, en bois de chauffage et en bourrées; que de ces seules constatations il conclut que le parterre de la coupe était ainsi devenu un chantier au sens de l'article 1er de la loi.

Mais attendu que l'abattage, le sciage et le débitage des arbres, dans les conditions ci-dessus précitées, sont des opérations inhérentes à l'exploitation forestière qu'elles ne convertissent pas en une entreprise industrielle, que conservant son caractère agricole, cette exploitation dans laquelle il n'était fait usage d'aucun moteur inanimé, échappe à la loi.

Casse le jugement.

Peu après (2) la Cour d'Appel de Pau, infirmant un jugement de première instance, contestait au parterre de la coupe, le caractère de chantier, en émettant une théorie absolument différente et soutenait :

Les arbres qu'il s'agissait d'abattre, étaient épars dans la forêt, et les conditions dans lesquelles se pratiquait l'abattage des arbres qui étaient écorcés et équarris seulement à l'usine, comportait un travail isolé exclusif de toute idée de groupement, selon le vœu de la loi.

L'on avouera que cette explication est singulière, et pour qu'elle soit légitime, il serait nécessaire de dire quel est le minimum nécessaire d'ouvriers occupés à l'hectare, pour constituer le chantier aux termes de la loi.

Nous verrons d'autres contre-sens.

Le Ministre précise sa définition.

S'appuyant sur le jugement de la Cour d'Appel de Paris, publié plus haut et sur un avis donné le 21 juin 1899 par le Comité Consultatif des assurances, le Ministre donne dans sa circulaire du 22 août 1901, une nouvelle définition du mot chantier :

.... par lequel le législateur a voulu atteindre vraisemblablement les autres chantiers d'approvisionnement (autres que ceux compris dans la rubrique générale, industries du bâtiment), qui, par l'amas des produits, par l'importance des opérations de chargement, de déchargement et de manutention, se rapprochent des chantiers du bâtiment. C'est en se plaçant à ce point de vue, que le Comité Consultatif des assurances, n'a pas hésité à tenir pour assujettis **les chantiers**

---

(1) Pourquoi? On ne le dit pas et pour cause.
(2) 17 Mai 1901.

Voilà qui est précis. En énumérant les chantiers industriels de coupes de bois, puis les marchands de bois, il est indéniable que le ministre, s'inspirant de l'intention du législateur et de l'avis du Comité Consultatif des Assurances contre les Accidents du travail, a bien voulu indiquer qu'il s'agissait : et du chantier où le marchand de bois façonne et débite le bois provenant des coupes forestières, et ces coupes elles-mêmes.

C'est par une singulière interprétation que l'on considère que le patron marchand de bois employant des ouvriers à l'exploitation des coupes, se livre à une entreprise industrielle ou commerciale, alors que le personnel employé est jugé, malgré l'absurdité de la chose, comme effectuant un travail agricole.

Contrairement à la circulaire ministérielle, malgré l'avis du Comité Consultatif, la Cour d'Appel de Nancy jugeait (1) qu'un ouvrier blessé chargeant sur un wagon, des arbres provenant d'une exploitation forestière, continuait cette exploitation forestière, c'est-à-dire agricole. Pour un accident semblable survenu en gare de St-Aubin, la Cour de Cassation rendait (2) un jugement identique.

La chicane sur la valeur du mot chantier est caractéristique et montre que la préoccupation dominante des juges fut toujours d'écarter du bénéfice de la loi, tous ceux dont, bien que la chose soit difficile, il est possible de dire qu'ils sont ouvriers agricoles.

La moindre réflexion prouve l'absurdité des arguments employés, et si l'on veut prétendre qu'il est nécessaire qu'une opération industrielle ait lieu pour que le parterre de la coupe devienne un chantier au sens que les tribunaux donnent à ce mot, le bon sens et la saine raison, s'étonnent à la pensée que l'opération industrielle commence, alors que l'arbre étant à terre, scié et ébranché, un ouvrier se met à l'équarrir et nul — fut-il conseiller à la Cour de Cassation — ne peut soutenir sérieusement que l'intervention du bûcheron, frappant l'arbre et faisant la première opération destinée à l'usage industriel, ne soit pas un acte industriel lui-même.

Pour être logique, il faudrait prétendre aussi que les mineurs qui extraient le minerai de fer, que les ouvriers des hauts-fourneaux qui le fondent, que les travailleurs des laminoirs qui en font des barres qui seront façonnées

---

(1) 6 mai 1903.
(2) 4 août 1903.

plus tard, que les carriers qui extraient la pierre, n'accomplissent pas un acte industriel, puisque comme le bûcheron, ils utilisent un produit du sol.

Ce serait absurde et nul n'oserait s'arrêter à un tel raisonnement qui, pourtant, fait jurisprudence, en ce qui concerne les bûcherons.

Le ministre des Finances est de notre avis.

La théorie ouvrière est si évidente, que pour imposer aux marchands de bois, la taxe de garantie prévue par l'article 25 de la loi, le Ministre des Finances en appela au Conseil d'Etat, contre des décisions de Conseils de Préfecture, formulant ainsi ses motifs d'appel :

> Attendu en fait que le sieur...... exploite des coupes de bois que les parterres de ces coupes sur lesquelles les bois sont abattus, façonnés et groupés, doivent être assimilés à de véritables chantiers, que cette assimilation est faite au regard de la contribution des patentes, par la Jurisprudence du Conseil d'Etat, qu'elle est d'ailleurs justifiée par les risques considérables auxquels sont exposés les ouvriers occupés dans de semblables exploitations; que dès lors, il importe peu qu'il y soit fait usage de moteurs mécaniques; qu'enfin la circonstance que les ouvriers bûcherons sont payés à la tâche et non à la journée, ne saurait enlever à l'exploitation, le caractère d'une entreprise et la soustraire aux obligations qui en résultent.

Cette argumentation du Ministre des Finances suffirait pour infirmer toute l'extraordinaire jurisprudence des tribunaux, et, l'esprit d'équité qui l'a inspirée, est la condamnation de la timidité des parlementaires, et de l'injustice des juges, mais équité et bon sens sont des mots qui ont peu cours dans les prétoires, lorsqu'il s'agit des ouvriers.

Quatre fois (1) à notre connaissance, le Ministre des Finances s'adressa au Conseil d'Etat, quatre fois le Conseil d'Etat répondit :

> .... Considérant qu'il résulte de l'instruction, que le sieur......... achète des coupes de bois et qu'il les exploite sans faire usage de machines mues par des moteurs inanimés, que dans ces conditions, les exploitations de coupes forestières constituent par elles-mêmes, un travail agricole au sens de la loi du 30 juin 1899, indépendamment de la qualité de ceux qui s'y livrent, et pour le compte de qui elles sont entreprises...
>
> .... Décide, le recours du Ministre des Finances est rejeté.

Le Conseil d'Etat s'appuie sur la loi du 30 juin 1899. Or, cette loi et même son sens ne déterminent pas, que les

(1) 22 Février 1902, 17 mars 1902, 3 mai 1902, 4 juin 1902.

[illegible] avril [illegible] pas s'appliquer à [illegible]ture.

Quelque soit la science des Conseillers d'État, nous nous inscrivons en faux contre la dénomination de travail agricole appliquée aux exploitations forestières, et il est indiscutable que, prétendre en jugeant ainsi interpréter le *sens* de la loi du 30 juin 1899, c'est prendre l'effet pour la cause.

Les marchands de bois sont des commerçants.

Si une raison d'équité guidait les tribunaux, si la pensée de traiter sur le même pied d'égalité, ceux qui se trouvent dans les mêmes conditions inspirait les jugements; depuis le vote de la loi du 12 avril 1906, étendant les bénéfices de la loi au personnel de toutes les exploitations commerciales, les bûcherons devraient être protégés par la loi.

Admettons un instant pour valable la théorie qui écarte les bûcherons du bénéfice de la loi sous le prétexte que leur travail ne comporte aucune transformation industrielle, admettons la théorie qui leur enlève le profit de la loi du 30 juin 1899, relative à l'emploi de moteurs inanimés dans l'agriculture, loi qui ne fut d'ailleurs votée qu'en faveur du personnel occupé à la machine lors du battage, mais il est indiscutable que le marchand de bois se livre à une opération commerciale (1) en achetant les coupes et en revendant ou en employant le bois, plus encore que dans les magasins où les employés livrent aux clients des produits dans la préparation desquels ils ne sont nullement intervenus.

Les bûcherons devraient donc profiter des bénéfices de la loi du 12 avril 1906, garantissant le personnel des exploitations commerciales.

Nous avons vu que les marchands de bois étaient des industriels. On conteste aux bûcherons, éléments essentiels de leur industrie les bénéfices de ce qualificatif.

Les marchands de bois sont commerçants, achètent et vendent des produits devenus utilisables grâce au travail

---

(1) La Cour d'Appel de Paris jugeant (30 juillet 1901) « Considérant que X.... est patenté et a pour industrie d'acheter des arbres, de les faire abattre et débiter et de vendre le bois qui en provient

Qu'il est donc commerçant.

Qu'on ne peut assimiler à une exploitation agricole, le travail auquel il se livre. »

Ce jugement fut cassé par la Cour de Cassation, considérant le travail des forêts comme travail agricole.

du bûcheron et encore une fois, à l'aide de sophismes judiciaires ou législatifs qui ne peuvent soutenir l'examen on les écarte des bénéfices d'une loi de protection ouvrière.

Cette indifférence coupable des législateurs et des gouvernants trouve son origine dans le manque d'énergie des travailleurs intéressés, car, hors des départements du Centre, nulle part les bûcherons n'ont fait une bien active campagne en faveur de l'extension de la loi, dont pourtant ils retireraient des profits considérables.

Les dangers de l'avenir.

Les jugements et les thèses que nous venons d'exposer n'ont qu'une valeur conventionnelle et démontrent avec une évidente clarté, quelle énergie les représentants et les mandataires de la bourgeoisie : parlementaires et magistrats, mettent à défendre ses privilèges.

C'est là un passé que l'on peut espérer voir disparaitre par le vote d'une nouvelle législation accordant à tous les travailleurs les bénéfices de la protection en cas d'accidents.

Mais alors que les bûcherons, bien qu'effectuant un travail industriel n'ont pas été compris dans la loi du 9 avril 1898 et sont tenus en dehors de la loi du 12 avril 1906 bien que participant à des opérations commerciales, on retarde pour eux le vote de la loi en les rattachant conformément aux décisions du Sénat aux exploitations agricoles.

Le travail des forêts n'est pas un travail agricole.

Les travaux forestiers sont liés sans aucune raison à toutes les difficultés d'ordre matériel que soulève l'extension de la loi à l'agriculture proprement dite.

Au projet du Gouvernement déposé le 5 novembre 1906 (1), au rapport de M. Chauvin, déposé le 22 février 1907, objections et contre-projets sont apportés, mais ils visent particulièrement, spécialement et seulement l'agriculture en tant que profession ayant pour but l'exploitation et la mise en valeur du sol.

---

(1) Le gouvernement avait pris plusieurs fois l'engagement de déposer un projet de loi, ayant pour but d'étendre aux exploitations agricoles la législation sur les accidents du travail, notamment le 9 juin 1904, sur proposition Mirman, 13 Décembre 1905, sur question Chauvin, — 30 janvier 1906, sur question Paul Constans, — 10 Avril 1906, en réponse à Debaune, — 14 juin 1906, en réponse à Paul Constans.

D'autre part, diverses propositions ont été déposées. Citons : Mirman, 13 Décembre 1900 ; J.-L. Breton, 3 juin 1901 ; 25 Mars 1903, Paul Constans.

Au nom de la Commission de l'Agriculture, M. Chaigne, député, prétendant que la loi ferait peser des charges nouvelles sur l'agriculture demande qu'une enquête soit ouverte dans toute la France, auprès des Conseils Municipaux, Conseils Généraux, Syndicats agricoles ouvriers et patrons.

S'inspirant de ces préoccupations, M. Beauregard dépose le 24 octobre 1901, un contre-projet ayant pour but, dit-il, d'atténuer les charges imposées aux exploitations agricoles.

La discussion se poursuit, interminable, sur les difficultés relatives à la culture, aux fermes, aux domaines, au métayage ; et les bûcherons qui n'ont rien à faire dans l'histoire, rien de commun avec les difficultés soulevées, se trouvent ballotés au gré des inspirations parlementaires, au milieu de discussions dans lesquelles ils ne sont pas intéressés et où on ne parle même pas d'eux, sinon de temps à autre dans les énumérations en ajoutant aux professions citées les mots « et forestières ».

Aucune des difficultés signalées, aucune des impossibilités indiquées n'intéressent le travail des forêts. Pourquoi, alors, persiste-t-on à rattacher ensemble deux questions, deux systèmes de production, qui n'ont de commun que l'origine des hommes qui les effectuent?

Si le fait, que la majeure partie des bûcherons travaille aussi aux champs, suffit pour faire d'eux des travailleurs agricoles lorsqu'ils travaillent en forêt, si parce que l'exploitation des forêts est une industrie saisonnière, l'on croit que cette particularité légitime l'assimilation des travaux et étendre la restriction à toutes les industries saisonnières — et elles sont nombreuses — occupant des ouvriers agricoles seulement une partie de l'année pour les laisser au moment des foins, de la moisson, des vendanges, de la récolte des pommes ou de la betterave, vaquer aux travaux des champs.

Ce serait absurde. Alors pourquoi appliquer ce raisonnement absurde aux bûcherons?

En liant ensemble ces deux catégories de travaux qui n'ont rien de commun, il faudra au moins quinze à vingt ans — ce qui est le temps minimum nécessaire pour voter une loi au Parlement Français (1) — pour espérer voir les travailleurs agricoles profiter des avantages de la loi. Mais alors, ce jour-là, les bûcherons dont on parle si peu dans la discussion n'en auront pas les avantages, avec le personnel

(1) Sauf, cependant pour certaines lois de conservation bourgeoise et capitaliste, comme les lois scélérates du 28 juillet 1894, ayant pour but de réprimer les menées anarchistes et grâce auxquelles les gouvernants traquent les militants, anarchistes, syndicalistes et socialistes, qui déplaisent au Pouvoir, et qui fut votée en 24 heures.

attaché au service domestique (1) ils seront les seuls à ne pas être protégés.

C'est la punition que veut leur imposer le patronat pour avoir osé troubler sa quiétude.

L'esclavage des salariés.

Les conditions du salariat sont différentes selon les professions, les milieux, les régions, les circonstances.

Les ouvriers sont payés pour le travail qu'ils exécutent: à l'heure, à la journée, au mois, à l'année ou à la tâche, c'est-à-dire aux pièces.

Pour toutes ces modalités de travail, le contrat verbal est la règle presque générale, le patron impose ses conditions, les travailleurs les subissent sans les discuter. S'ils ne les acceptent pas ou s'ils veulent les discuter, c'est la grève avec toutes ses conséquences. Le coffre-fort du patron bien garni lui permet d'attendre la fin du conflit, pendant que la huche de l'ouvrier se vide; l'armée et la police placées par le Gouvernement du côté patronal, et les Tribunaux, ne manquant pas avec les motifs les plus inattendus, de mettre pour quelques mois en prison ceux que le patronat considère comme les meneurs du mouvement.

On sait que en réalité *les soi-disant meneurs* sont des travailleurs choisis parmi ceux en lesquels leurs camarades ont le plus confiance, parmi les plus intelligents et les plus énergiques, pour porter toute la responsabilité du mouvement.

Si l'entente et la cohésion des forces ouvrières est suffisante, si les ressources ne manquent pas, si le sentiment de la lutte et du but à atteindre domine la grève, les ouvriers peuvent espérer faire fléchir le patron et voir s'améliorer leur situation.

Mais quand même, le contrat de travail n'existe pas, car un contrat est bilatéral et sa signature suppose la libre discussion entre deux personnes traitant en égales. Ce n'est pas actuellement, le cas entre patrons et ouvriers. Seul le premier dicte les conditions dans lesquelles le travail sera effectué et quelles formes de discipline seront imposées au salarié pendant son séjour à l'usine, à l'atelier, au chantier, à la mine. Bien heureux encore, lorsque — comme c'est presque toujours le cas — l'employeur ne limite pas

(1) Le 29 Mai 1908, M. Pugliesi-Conti, député, a déposé sur le bureau de la Chambre, une proposition de loi mettant sous le régime de la législation sur les accidents du travail, les gens de maison, domestiques ou serviteurs, pour tous les accidents qui leur surviendraient à l'occasion du travail. Ils sont déjà plus favorisés que les bûcherons.

la liberté de pensée et d'action de l'ouvrier, en dehors des heures de travail, dans sa vie familiale ou publique.

Les conquêtes des grèves bûcheronnes.

Les bûcherons ont connu ces heures douloureuses. Considérés comme des machines à travail, ils étaient entièrement à la merci des marchands de bois et des propriétaires.

Le magnifique mouvement de grève 1891-1892-1893 a mis fin à ce lamentable état de choses .Précédant de bien longtemps la loi (1) les bûcherons *qu'aucune disposition légale* ne protège contre les exigences des employeurs, ont su par leur volonté et leur cohésion, imposer aux marchands de bois la signature du Contrat Collectif qui, par avance détermine les conditions ouvrières d'exploitation des forêts.

Cette mesure fut décidée au Congrès tenu en pleine grève à Meillant (Cher) le 5 juin 1892.

Beaucoup de marchands de bois; — les plus pauvres — avaient cessé leur commerce à la suite des grèves de 1891-1892-1893. Ils n'avaient pu faire face à leurs engagements: leurs coupes avaient été achetées trop cher et ils avaient été obligés de donner aux ouvriers, des sommes supérieures à celles qui leur avaient servi de base pour l'estimation... Ces marchands de bois qui n'avaient aucune avance et qui comptaient sur l'écoulement de leurs produits pour se libérer vis-à-vis de leurs vendeurs, s'étaient ruinés (2).

« A la grève de 1891-1892, les patrons s'étaient plaints d'avoir été pris entre les ouvriers qui ne voulaient pas couper les bois et les propriétaires avec lesquels ils s'étaient engagés sans réserves ». (3)

Pour faire disparaître cet argument qui, seul, était sérieux dans la défense des patrons et pour leur permettre d'effectuer leurs achats en tenant compte des salaires demandés par les bûcherons, le Congrès de Meillant (Cher) décida que

.... Chaque section procédera aux estimations des coupes de bois situées sur le territoire de sa commune, pendant la première quinzaine de Septembre, pour permettre au Secrétaire Général d'établir les tarifs et de les adresser aux marchands de bois, un mois avant la date des adjudications, ce

---

(1) Un projet de loi sur le contrat collectif, a été déposé le 2 juillet 1906 sur le bureau de la Chambre et le Rapport déposé le 27 Décembre 1907, par M. Chambon. Il n'est, naturellement, pas encore venu en discussion.

(2) **Les bûcherons du Cher et de la Nièvre,** par L. H. Roblin, Pages 201-202.

(3) **Bulletin des marchands de bois,** septembre 1892.

qui permettra à ces derniers, de bien prendre connaissance des prix établis, et d'acheter en conséquence (1).

Dans la pratique, ce fut un peu différent : les estimations faites, les syndicats affichent dans les communes intéressées, les tarifs établis et les envoient aux marchands de bois considérés comme susceptibles d'être acheteurs et avec lesquels ils traitent directement par coupe, sans aucune intervention du Secrétaire général.

Depuis lors, dès que les coupes à mettre en exploitation pendant la saison sont délimitées, les syndicats font les estimations (2) des prix de façon, sur lesquels les patrons déterminent les prix de revient « car, écrivent les syndicats (3) de Nérondes, La Guerche et Sancergues, nous désirons être agréables envers vous (patrons) comme vous serez envers nous ».

Les bûcherons ont, on le voit, des préoccupations d'équité et de générosité qu'ignore une âme patronale. ils ne désirent pas la mort du pécheur ; pour éviter la ruine de certains marchands de bois, ne possédant pas les avances suffisantes, ils ont la loyauté de prendre la précaution de fixer par avance les prix de façon « afin de rendre plus agréable les rapports, qui, toujours devraient exister entre l'occupant et l'occupé et pour éviter tout malentendu entre patrons et ouvriers » (4).

De cette attitude franche et loyale, les marchands de bois se feront plus tard, une arme, pour tenter de les écarter des bénéfices de la loi sur les accidents du travail.

Le Contrat de travail et le Code Civil.

Interprétant le Code Civil, les marchands de bois et les Tribunaux prétendent que puisqu'il y a convention entre les patrons et les ouvriers, ces derniers deviennent sous-entrepreneurs et les syndicats signataires du contrat des conditions de travail, prennent la responsabilité dans la coupe.

C'est pour les uns et les autres, pour les Tribunaux et pour les marchands de bois, une singulière façon d'interpréter le Code Civil.

---

(1) **Les Bûcherons du Cher et de la Nièvre,** par L. H. Roblin, Pages 164-165.

(2) Le marchand de bois retient aux non-syndiqués, occupés dans la coupe pour frais d'estimation, 20 % de leurs salaires, et les sommes sont versées dans la caisse du Syndicat. De nombreux jugements déterminent la régularité de cette retenue.

(3) 21 septembre 1892.

(4) Entrevue avec le Procureur de la République de Saint-Amand (Cher) octobre 1892.

Le Code Civil est cependant catégorique à ce sujet, et son texte bien que succint, ne permet guère d'ambiguité. Il était en outre impossible, il y a plus de cent ans (1) de prévoir ce que serait aujourd'hui la transformation des conditions du travail.

L'article 1708 dit :

Il y a deux sortes de contrats de louage: celui des choses et celui d'ouvrage.

L'article 1710 donne la définition suivante :

Le louage d'ouvrage est un contrat par lequel l'une des parties, s'engage à faire quelque chose pour l'autre moyennant un prix convenu entre elles.

Cette définition est reprise et précisée par l'article 1779 qui dit :

Il y a trois espèces principales de louage d'ouvrage et d'industrie :

1° Le louage des gens de travail qui s'engagent au service de quelqu'un ;

2° Celui des voituriers, tant par terre que par eau, qui se chargent du transport des personnes ou des marchandises.

3° Celui des entrepreneurs d'ouvrage par suite de devis ou marchés.

Il est indiscutable que l'exploitation des coupes forestières, dans les conditions dans lesquelles l'exécutent les bûcherons, rentre dans la catégorie de louage de gens de travail « qui engagent leurs services à temps et pour une entreprise déterminée. » (2)

C'est d'ailleurs l'avis de la Cour d'Appel de Toulouse qui juge. (3)

Attendu qu'il ne saurait y avoir identité entre un travail fait à la tâche et une entreprise; que l'entreprise de travaux à forfait est exclusive du lien de subordination entre l'employeur et l'employé ; tandis que la surveillance de l'ouvrier par le patron existe dans le travail à la tâche, lequel n'est qu'une modalité du contrat de louage d'ouvrage en usage couramment dans l'industrie des mines et carrières.

On peut ajouter que dans l'exploitation des forêts, c'est également un usage courant.

La magistrature, toujours généreuse pour les patrons, et dure pour les ouvriers, ne tint pas compte de l'article 1780, et plaça absolument les bûcherons dans la « section des devis et marchés. » Il suffit de lire dans le Code, les articles

(1) Le Code Civil a été promulgué le 30 Ventôse an IV, (21 mars 1804).

(2) Code Civil, article 1780.

(3) 29 octobre 1906.

subséquents pour comprendre que ses rédacteurs ne visaient dans leur texte que la question des entreprises du bâtiment dans le cas ou un entrepreneur ou un architecte céderait l'exécution de certaines parties du travail à des maçons, charpentiers, serruriers, etc.

Et puis, voyez quelle insolente ironie : assimiler des bûcherons à des patrons. Assimiler à des gens, réalisant des bénéfices, des hommes qui gagnent des salaires infimes, à peine suffisants pour nourrir leurs familles et qui, dans certaines régions, n'ont réussi à améliorer leur situation que par une lutte de tous les instants et par des sacrifices sans nombre.

Travail à la tâche et sous-entreprise.

Il y aurait sous-entreprise au sens réel qu'il convient de donner à ce mot, et avec la signification certaine qu'ont voulu lui donner les rédacteurs du Code Civil, si un Syndicat de bûcherons ou un groupe de bûcherons entreprenaient à forfait l'exploitation d'une coupe, les ouvriers se distribuant un salaire semblable ou plus élevé que le salaire moyen des bûcherons de la région, à la journée, à l'heure ou aux pièces, et, l'exploitation terminée, se répartissant — après les frais amortis — les bénéfices résultant de la différence entre le prix convenu du forfait et le salaire payé. Dans le cas qui nous occupe, ce n'est pas ainsi que les choses se passent, l'ouvrier touche son salaire et le patron réalise son bénéfice. Le prix de chaque catégorie de travail, de chaque façon, est déterminé par avance comme dans tous les cas de travail aux pièces, avec cette différence que les travailleurs ne procurent plus aux patrons, le plaisir de les voir se concurrencer entre eux sur le marché du travail et avilir les prix. Organisés en syndicats, ils ne sont plus sujets à la crainte ou réduits à l'impuissance, ils peuvent se défendre au besoin, puisque avant chaque campagne forestière, les prix de façon sont déterminés d'un commun accord entre les syndicats et les marchands de bois, et l'expérience montre qu'il y a moins d'inégalités lorsque le patron traite avec une collectivité.

Cette solution était trop simple et comme la signature du contrat collectif implique une organisation de la classe ouvrière, lui impose la conscience de sa force et de sa dignité, les juges n'hésitèrent pas, après avoir dans ses « considérants » et des « attendus » singuliers, baptisés certains blessés « sous-entrepreneurs », à les écarter des bénéfices de la loi sur les accidents.

Nous allons montrer combien la jurisprudence est incohérente et contradictoire dans les solutions diverses apportées à cette question.

Dans un cas, les tribunaux avaient été obligés d'admettre que l'accident rentrait dans les prévisions de la loi de 1898, mais, embusqués au détour des lois, les magistrats de la Cour d'Appel de Dijon trouvèrent le biais nécessaire pour débouter l'ouvrier.

Attendu (1) que le travail avait lieu **à l'entreprise...** qu'il est reconnu que le façonnage des bois était opéré conformément à l'usage des lieux par trois scieurs de long ou charpentiers associés entre eux, travaillant à leurs heures et se partageant le prix convenu, non à la journée, mais **à la pièce,** à raison de 0 fr. 90 par traverse livrée, que dans ces circonstances on ne saurait les considérer comme des ouvriers ayant loué leurs services à un patron qui faisait produire à leur travail un résultat plus ou moins fructueux pour lui, suivant la direction qu'il lui donne et les moyens qu'il leur fait employer.

Les scieurs de long riront de la prétention des chats-fourrés de la magistrature, interprétant ainsi un mode de travail, car aux pièces ou à l'heure, la manière de travailler du scieur de long, n'est aucunement différente, quoique en disent les magistrats de Dijon.

La Cour d'Appel de Nancy (2) va plus loin, et il est nécessaire de donner son jugement en entier, pour montrer à la classe ouvrière quel état d'esprit inspire les jugements relatifs aux accidents survenus aux bûcherons.

Attendu que la victime ne peut être considérée comme un ouvrier ou un employé de l'adjudicataire de la coupe, dans laquelle l'accident s'est produit ; qu'il est démontré en effet, par les documents du procès, que les bûcherons qui travaillent à l'exploitation des forêts, **sont de véritables entrepreneurs,** qui, à ce titre, ne sont point assujettis aux dispositions de la loi de 1898 ; qu'il est constant qu'un véritable contrat d'entreprise et non un contrat de louage de service intervient entre eux et les adjudicataires, qu'il importe de remarquer, d'abord, qu'ils ne sont payés ni à l'heure, ni à la journée, mais qu'ils reçoivent une rémunération fixée d'après le nombre de mille de planches obtenu dans la coupe (3) ; qu'ensuite ils se trouvent quant à leur travail, vis-à-vis du marchand de bois dans un état d'indépendance absolue ; qu'ils sont libres de choisir, pour leur besogne, les jours et heures qui leur conviennent, pourvu que la coupe soit vidée dans le délai imparti par l'administration, qu'ils ne reçoivent aucun ordre de l'adjudicataire qui n'exerce sur eux aucune surveillance, ni aucun contrôle.

Que, s'il est de règle que la responsabilité des accidents doit être mise à la charge de celui qui peut en principe les prévenir, l'adjudicataire de coupes doit échapper à cette responsabilité, par la raison qu'il n'a aucun pouvoir d'immixtion dans le travail des bûcherons, travail qui s'effectue complète-

(1) Cour d'appel de Dijon, 16 juillet 1902.
(2) 15 décembre 1900.
(3) C'est-à-dire à la tâche ou aux pièces et non à forfait.

ment en dehors de lui et sans qu'il puisse par conséquent exiger les mesures de précaution qu'il serait en droit d'imposer à ses ouvriers ; qu'en fait il ne connaît que le bûcheron avec lequel il a traité, et qui véritable chef de l'entreprise, est chargé de répartir le travail et de partager la rémunération convenue entre les divers associés qu'il a pu se procurer et dont il a fait ses aides ; qu'enfin, pour effectuer le travail, il est certain que les bûcherons, ne se servent que de leur matériel et de leurs outils (1).

Attendu que dans de telles conditions, il est impossible de voir dans le marchand de bois adjudicataire de coupes, un chef d'industrie visé par la loi de 1898.

Rejette la demande de l'ouvrier.

La Cour d'Appel allait beaucoup plus loin que le patron intéressé, car, celui-ci considérant sa responsabilité engagée, avait offert de verser à la veuve, une somme indemnitaire de 5.000 francs.

Cette opinion, les tribunaux ne la manifestent que lorsqu'il s'agit des bûcherons qu'il faut à tout prix mettre hors la loi. De nombreux cas d'accidents survenus dans des travaux, reconnus à forfait, reçoivent une solution contraire. Le Tribunal de la Seine juge (2) à propos d'un maçon que :

... Vouloir assimiler à un sous-traitant, un tâcheron dépourvu de toute initiative, toujours soumis à la surveillance et au caprice de l'entrepreneur et dénué de toutes ressources personnelles, serait aller à l'encontre du but de la loi de 1898.

La théorie patronale.

Le titre de sous-entrepreneurs donné aux travailleurs forestiers par certains tribunaux, contrairement à toute logique, sert aux marchands de bois pour tenter une manœuvre hypocrite contre l'extension de la loi.

Dans le journal *Le Bois,* organe officiel de l'Union Syndicale des marchands de bois et de la Fédération des Syndicats du commerce des Bois de France (3) dans ce même journal qui mène une ardente campagne contre les syndicats bûcherons, l'avocat-conseil des marchands de bois, Me Paul Coulet, affirme que les marchands de bois ne tomberont pas sous le coup de la loi de 1898, d'abord parce que travail agricole, puis, parce que la loi.

... Ne fait bénéficier de ses dispositions que les salariés qui sont liés avec le chef d'entreprise par un contrat de

---

(1) C'est également le cas de nombreuses corporations protégées par la loi : menuisiers, ébénistes, sabotiers, maçons, tailleurs de pierres, etc.

(2) 3 juillet 1901.

(3) Le Bois, N° du 10 Novembre 1906.

louage d'industrie, c'est-à-dire que seuls les ouvriers travaillant sous la direction, l'autorité, la surveillance du patron ou de ses préposés, peuvent bénéficier de la loi.

Or, comme dans toute la France, les exploitations se font par des bûcherons qui **traitent à forfait**, avec l'exploitant acheteur de la coupe et que pas une fois, je n'ai vu d'ouvriers bûcherons travaillant à l'heure ou à la journée, sous la direction et la surveillance du patron, j'en conclu que la loi aura beau décider que les exploitations forestières, tombent sous le coup de la loi de 1898, cela ne fera pas que les exploitants auront à supporter les conséquences des accidents dont les bûcherons seront victimes, **parce que** les bûcherons ne sont pas des ouvriers au sens de la loi de 1898.

Et l'avocat-conseil, répétant que les marchands de bois ne sont pas responsables des accidents survenus aux bûcherons, termine en conseillant aux marchands de bois de ne pas s'assurer « car, jamais l'on n'arrivera à rendre des marchands de bois responsables des accidents. (1)

La thèse est hardie et on verra par la suite que si l'avocat-conseil des patrons marchands de bois, n'a pas voulu jeter de la poudre aux yeux de ses clients, il s'est singulièrement aventuré.

D'abord, nous avons démontré que les bûcherons ne travaillent pas *à forfait*, mais *à la tâche*, et le fait de ne pas travailler à l'heure ou à la journée, ne modifie pas la nature du contrat, et ne transforme pas un contrat de louage en contrat d'entreprise.

En outre, si des jugements sont rendus de telle façon, qu'à tout prix les bûcherons sont écartés des bénéfices de la loi, il en est d'autres rendus sur des cas identiques, qui établissent que l'affirmation de Me Coulet, est bien osée.

Ainsi, le Tribunal de la Seine décide que (2) :

... Un bûcheron, recevant **un salaire forfaitaire**, sur lequel il rétribuait tous les ouvriers qu'il pouvait embaucher, ne

---

(1) L'avocat-conseil des marchands de bois, ne parait pas très sûr de sa théorie. Dans **Le Bois** du 14 Mai 1908, il dit :

« La jurisprudence a défini le chantier, tout endroit même éloigné de l'établissement principal de l'industriel, où des ouvriers travaillent en commun à des travaux industriels, commerciaux, etc. Donc, il y a lieu à assurance, pour un scieur de bois à brûler, travaillant **à l'entreprise** avec ses outils, dans un chantier à un kilomètre de chez le patron à raison de 0 fr. 50 du trait.

« La circonstance que le scieur de bois à brûler travaille à ses pièces et avec ses outils n'a pas d'intérêt dans la circonstance. La jurisprudence décide que le travail aux pièces n'est pas exclusif de la qualité d'ouvrier. »

(2) 3 juillet 1901.

peut être considéré comme responsable et condamne le patron à servir une rente à l'ouvrier blessé.

La Cour d'Appel de Paris (1) considère que :

... Le travail à la tâche n'est pas exclusif de la qualité d'ouvrier; qu'il n'en serait autrement que si le tâcheron employant à son tour des ouvriers embauchés et payés par lui et **réalisant sur leur travail un bénéfice,** ce qui lui donnerait le caractère d'un sous-entrepreneur.

Comme nous, et comme le veut le bon sens, la Cour d'Appel de Paris ne retient comme travail à forfait, que celui sur lequel il est réalisé un bénéfice (2) sur le travail de l'ouvrier, et c'est le bénéfice qui donne la qualité de sous-entrepreneur à celui qui l'empoche.

Confirmant son opinion, la Cour d'Appel de Paris juge (3).

... Qu'il est à retenir que F... ne réalisait aucun bénéfice sur son aide qui, à travail égal, recevait un salaire égal.

Que le fait seul du travail à la tâche n'est pas exclusif de la qualité d'ouvrier.

A chaque fois que le cas se présente, la Cour d'Appel de Paris rend le même jugement, invariablement cassé, nous devons le dire par la Cour de Cassation, éternelle ennemie de la classe ouvrière et gardienne farouche des intérêts capitalistes.

Le Tribunal Civil de St-Yrieix avait répondu (4) par avance à la théorie du journal *Le Bois,* par un jugement qu'il faut citer en entier :

Attendu, dit ce jugement, que pour faire repousser la demande de la veuve X..., le patron prétend que X... était chef d'entreprise, payé aux pièces et lui-même patron.

Attendu que le but général de la loi est de protéger l'ouvrier contre les conséquences du risque professionnel et de le mettre d'une façon générale, à la charge du patron et de l'Etat en cas d'insolvabilité du premier par cette considération que l'accident est survenu par le fait ou à l'occasion du travail;

---

(1) 2 avril 1901.

(2) La circulaire ministérielle du 10 juin 1899 dit : « Les personnes responsables sont celles qui dirigent l'exploitation ou l'industrie et qui **recueillant des bénéfices** depuis les grandes sociétés qui ont dans leurs dépendances un personnel considérable jusqu'au petit patron qui n'emploie qu'un petit nombre d'ouvriers. »

(3) 30 juillet 1901. Il s'agit d'un ouvrier blessé en abattant un sapin dans la forêt de Fontainebleau.

(4) 31 octobre 1900. Il s'agit d'un ouvrier bûcheron tué en abattant un hêtre.

Attendu que suivant cette interprétation de la loi du 9 avril 1898, **il ne peut être question** de considérer comme non-assujetti au risque professionnel le patron qui fait travailler et paye ses ouvriers aux pièces, alors surtout, comme dans l'espèce, que le travail donné aux pièces pour faciliter le contrôle du patron, et, par suite dans son intérêt seul;

Que s'il en était autrement, **les chefs d'industrie, auraient un moyen TROP SIMPLE de parer aux charges imposées par le législateur** et de priver les ouvriers de la protection qui leur est accordée par la loi nouvelle.

Attendu que l'association de X... et de Y..., pour effectuer en commun le travail qui leur avait été donné par Z... (le patron)..., ne saurait leur donner la qualité de chefs d'industrie, que dans l'espèce, cette association pour un travail aux pièces s'expliquait par la nature même du travail effectué par les scieurs de long, travail qui exige la collaboration d'au moins deux ouvriers.

Le Tribunal condamne le patron à payer une rente à la veuve.

Par ce jugement (1) le Tribunal de St-Yrieix a réduit à néant, la théorie patronale, que dans leur ignorance des conditions particulières du travail des bûcherons, conditions inhérentes à la profession et de la vie en forêt, les magistrats ont adoptée.

Nulle part, dans aucun contrat, la surveillance du marchand de bois ou celle de son commis, n'est contestée ou interdite, et quoique en disent certains tribunaux, l'exercice de cette surveillance — qu'au point de vue droit, détermine la responsabilité — ne peut empêcher les accidents de se produire.

C'est précisément les causes fortuites dans laquelle ni la faute du patron, ni la faute de l'ouvrier, ne peuvent être invoquées, dans lesquelles la surveillance active de l'un et les minutieuses précautions de l'autre, ne sauraient éviter l'accident, qui ont amené le législateur à introduire dans la législation, le risque forfaitaire, sauf dans les cas nettement démontrés, de la faute du patron ou de l'ouvrier.

Dans les accidents forestiers, plus encore peut-être que dans toute autre industrie, l'accident est imprévu, guette l'ouvrier à chacun de ses mouvements. Rien ne peut l'éviter.

La présence du patron ou de ses délégués, pourra-t-elle faire que la hache mieux dirigée à l'abattage, ne blessera ni le bûcheron, ni son camarade? Quelles mesures de précautions ce surveillant pourra-t-il prendre pour empêcher un

---

(1) Il convient de dire que ce jugement a été cassé le 6 août 1902 par la Cour de Cassation, parce que les ouvriers travaillaient aux pièces et renvoyé devant la Cour d'appel d'Agen qui, le 1er avril 1903 a débouté la veuve de l'ouvrier tué.

ouvrier de choir du haut d'un arbre? Comment fera-t-il pour empêcher l'épine traîtresse de faire à la main du bûcheron, une piqure sans importance sur le moment et qui s'envenime par la suite, immobilisant l'ouvrier?

Il n'y a donc là qu'un chicane de patrons très solidement organisés, parfaitement conseillés, qui, avec l'appui des magistrats presque toujours disposés à faire pencher le plateau de la balance du côté des plus forts, écrase les petits, ces bûcherons isolés qui n'ont pas sû encore en France, posséder la puissance syndicale que leur nombre peut permettre d'espérer.

Un cas de conscience.

C'est pour un exploitant, une lourde responsabilité morale, en occupant des hommes susceptibles d'être victimes d'accidents graves et parfois mortels, de penser que tout le temps nécessaire à la consolidation de la blessure, l'ouvrier et sa famille seront dans la misère, le blessé manquant de médicaments et espaçant ou, ne recevant pas, faute de ressources, les visites des médecins si chères à la campagne; de penser que si l'ouvrier infirme ou estropié, il lui sera impossible, il ne lui sera plus possible de gagner le pain des siens et que seul le modeste et rare salaire de la femme, augmenté souvent de l'aumône, permettront au rude et solide bûcheron parti un matin à la forêt rayonnant de santé et rapporté un soir blessé, de manger un peu en attendant peut-être la mort libératrice.

Si la mort aveugle et brutale frappe le bûcheron en plein travail, que deviendront les siens? Quelle terrible vie de misères et de privations attend ses enfants et aussi la malheureuse veuve qui s'exténuera au travail pour arriver à les élever?

Je ne veux pas davantage m'étendre sur cette question, à laquelle chacun peut aisément apporter la douloureuse réponse qui convient.

Pendant que l'ouvrier des champs et des bois se retournera sur son lit de douleur, l'artisan, l'ouvrier des villes blessé jouira des bénéfices de la loi. Son médecin le visitera gratuitement et aussi souvent que son état le nécessitera, les médicaments lui seront fournis sans qu'il lui en coûte un sou. S'il reste infirme, une rente, âprement disputée peut-être, lui sera servie et s'il meurt, les frais d'enterrement seront payés, sa veuve touchera une rente égale à 20 p. 100 du salaire du défunt, plus une deuxième rente qui peut varier de 15 à 40 p. 100 suivant le nombre des enfants et jusqu'à ce que ceux-ci aient atteint l'âge de 16 ans.

Je veux bien croire que cette situation a pu troubler cer-

[illegible]

C'est [illegible] une [illegible] envers des patrons [illegible] de renseigner et une duperie vis-à-vis des ouvriers [illegible] croient protégés.

Il y a bien une nuance. J'ai sous les yeux [illegible] d'une compagnie d'assurances qui dit :

[illegible] avec scierie : 7 p. 100 des salaires ; sans scierie : 5 p. 100.

Mais on néglige d'indiquer les raisons de la [illegible] des primes et qui sont celles-ci :

L'emploi d'un moteur mécanique dans la coupe place les ouvriers sous la protection de la loi du 30 juin 1899 [illegible] les bénéfices de la loi du 9 avril 1898 au personnel des exploitations agricoles employant des moteurs, alors que si ces derniers n'existent pas, les ouvriers ne peuvent s'appuyer dans leur réclamation que sur les profits bien aléatoires et très discutables que peut leur procurer l'article [illegible] du Code Civil.

Les patrons dupés par les [illegible]

Le contrat signé avec la Compagnie d'assurance, le patron s'endort dans la [illegible] du devoir accompli et des risques écartés. Un bon jour l'accident se produit.

L'ouvrier discute risque professionnel et loi du 9 avril 1898 sur les accidents, la Compagnie d'assurance qui est subrogée aux droits du patron établit qu'il s'agit de l'article 1382 du Code Civil (1) et se basant sur ce fait que nul ne peut s'assujettir à des obligations qui ne sont pas contenues dans la loi, demande à la victime d'établir la faute du patron, ce qui dans la majeure partie des cas est impossible.

Pour montrer combien les bûcherons sont dans une situation inférieure à leurs camarades travailleurs de l'industrie et du commerce, qu'il nous suffise de dire que si, [illegible] de la loi de 1898, l'ouvrier établit qu'il y a faute du patron, cette preuve suffit pour faire majorer sa rente (article 20), alors qu'en droit commun cette preuve justifie seulement ladite rente et encore n'est-il possible de l'établir qu'au prix de mille difficultés.

---

(1) Article 1382. — Tout fait quelconque de l'homme qui cause à autrui un dommage oblige celui par la faute duquel il est arrivé à le réparer.

On en appelle alors aux Tribunaux qui appliquant la loi déboutent l'ouvrier.

Le patron ne perd rien dans l'affaire car :

... Considérant (1) l'assurance sans objet et le risque qui en était la raison n'existant pas, qu'en vain la Compagnie oppose que selon la proposition à elle faite par X..., et visée dans la police, X..., était assuré également à raison de sa responsabilité civile à l'égard des tiers par application des articles 1382 à 1386 du Code Civil . . . .

Déclare nul le contrat intervenu entre les parties **et condamne la Compagnie à restituer au patron le montant des primes payées jusqu'à ce jour avec intérêts de droit.**

Cet autre jugement rendu par la Cour d'Appel de Lyon (2) est plus significatif encore :

Considérant qu'il est évident que Mitjaville et Goutelle n'ont traité avec la Société **la Winterthür** que par suite de l'erreur dans laquelle ils sont tombés: Que leur entreprise d'agence en douane était au nombre de celles qui sont soumises à la loi du 9 avril 1898.

Que, de plus, puisque ce genre d'entreprise n'y est pas soumis, le contrat d'assurance est un contrat sans cause.

Que l'obligation imposée par le contrat à Mitjaville et Goutelle de verser des primes annuelles à **la Winterthür** n'est justifiée par aucune obligation corrélative de la part de cette société d'assurances, **puisque en cas d'accidents elle serait toujours libre de faire rejeter la demande de l'employé blessé en faisant plaider qu'il n'a pas le droit d'invoquer à sa faveur les dispositions de la loi du** 9 avril 1898;

Déclare nul le contrat;

Ordonne la restitution des sommes versées par l'assuré.

Le patron rentre donc dans les sommes qu'il a indûment versées; et l'ouvrier blessé ou infirme qui se croyait protégé, se voit plongé avec sa famille dans une affreuse misère avec, comme seul recours, le si aléatoire article 1382.

L'utile propagande n'est jamais sans effet.

Nous l'avons dit, dès le jour de la réorganisation de la Fédération, les syndiqués bûcherons eurent constamment la préoccupation de faire disparaître la flagrante injustice qui les mettait dans une situation inférieure aux travailleurs de l'industrie. Dans tous les Congrès tenus depuis 1902, il en fut question; dans les centaines de réunions publiques ou privées dans lesquelles les militants de la Fédération prirent la parole, l'urgence de l'extension de la loi fut discutée. Souvent, des ordres du jour fortement motivés furent

(1) Cour d'appel de Paris, 9 mars 1904.
(2) 17 novembre 1904.

votés et adressés aux Ministres intéressés, ainsi qu'aux élus de régions où se faisaient les réunions.

L'on sentit, que les bûcherons jusqu'alors résignés ou indifférents, prenaient conscience de leurs droits et étaient résolus à mettre tout en œuvre pour faire s'étendre jusqu'à eux l'idée d'Egalité, l'un des mots qui forment la menteuse trilogie républicaine.

L'effort eut son résultat.

Le 18 mars 1901, M. Mirman, député, avait déposé ,une proposition de loi ayant pour objet de donner à toutes personnes occupant des salariés, le droit de substituer la responsabilité éventuelle résultant de l'article 1382 du Code Civil, la responsabilité forfaitaire déterminée par la loi du 9 avril 1898.

L'un des buts poursuivi était de provoquer l'extension de la loi de 1898 ,en offrant la possibilité d'un assujettissement facultatif à ceux que cette loi a laissés incontestablement en dehors de son domaine. Cette proposition votée par la Chambre, le 10 février 1902 et transmise au Sénat ne fut pas comprise dans les modifications de la loi, votées en 1902-1905 et 1906

Le projet dormait tranquillement dans les cartons du Sénat où s'entassent et disparaissent tant de propositions utiles à la classe ouvrière et déjà si difficilement arrachées à la Chambre. Chaque jour la propagande de la Fédération bûcheronne s'intensifiait sur le point de l'extension de la loi sur les accidents. Les réunions succédaient aux réunions. En plein hiver, au moment où la neige et le mauvais temps retiennent le bûcheron au village les orateurs de la Fédération ou ceux demandés par elle, à la Confédération Générale du Travail, multipliaient les conférences, parlaient dans le département de l'Indre, sillonnaient, les communes forestières du Cher, parcouraient les hauts-plateaux du Morvan ou les plaines du Nivernais, allaient dans les grandes forêts de l'Aisne ou des Vosges, signalaient, sinon avec éloquence mais tout au moins avec des paroles sincères, venant du cœur, que la situation inférieure créée aux bûcherons par les Parlementaires était la conséquence de l'indifférence et de l'inertie des intéressés eux-mêmes. Si on leur refusait les bénéfices de la loi de 1898, c'est parce qu'ils ne voulaient pas les demander, parce qu'ils ne savaient pas les exiger.

Les preuves de l'injustice commise envers les bûcherons étaient faciles à établir, des exemples nombreux étaient aisément fournis.

Un état d'esprit fut créé, cristallisant la pensée latente des bûcherons, secouant leur séculaire esprit de résignation ils se montrèrent disposés à agir et firent de l'action directe.

Qu'on ne donne pas à ces deux mots (1), la signification déformée que lui a donnée une bourgeoisie affolée par la croissance de l'organisation ouvrière et à la pensée de la perte possible de ses privilèges.

Ils firent de l'action directe, c'est-à-dire que comprenant que l'on n'obtient du Parlement que ce que l'on est assez fort pour lui arracher, ils n'attendirent pas que la loi leur tombe du ciel comme la manne tombait aux Hébreux dans le désert, mais par le vote de nombreux ordres du jour envoyés aux Parlementaires, intéressés, ils firent sur ceux-là une pression suffisante pour obtenir rapidement satisfaction.

On a vu que le projet Mirman avait été envoyé au Sénat, où il dormait dans la poussière, aussitôt après son vote, c'est-à-dire en février 1902.

Au lendemain du Congrès de Lurcy-Lévy, pendant l'hiver 1906-1907, une ardente campagne de propagande fut menée.

Le résultat ne se fit point attendre.

Le 14 mai 1907, M. Poirrier, Sénateur déposait un rapport, le projet était voté en première lecture le 24 mai, adopté en deuxième lecture le 11 juin suivant et le 18 juillet 1907, la loi était promulguée.

Il avait fallu exactement six ans et quatre mois pour voter un projet de loi qui ne modifie en rien la législation existante et ne donne aucun droit nouveau aux salariés, puisque, on le verra par la suite, la loi du 18 juillet 1907 régularise seulement une situation en rendant légal, l'assujettissement facultatif des partons, *à qui il plaît* de garantir leur personnel contre les risques professionnels.

Le chemin parcouru peut paraître infime, mais les résul-

---

(1) « L'action directe? Mais c'est tout simplement grouper les travailleurs en syndicats, et en Fédérations ouvrières pour arriver ainsi, au lieu de tout attendre de l'Etat de la Chambre, au lieu de tendre perpétuellement la casquette au Parlement pour qu'on y jette dédaigneusement un sou de temps en temps, à ce que les travailleurs se concertent.

« Entente des travailleurs entre eux, action directe sur le patronat, pression sur le législateur pour l'obliger quand son intervention est nécessaire à s'occuper des ouvriers. Voilà l'idée.

« Nous législateurs, n'avons-nous jamais besoin que l'on nous force la main? Nous occupons-nous toujours spontanément des maux et des abus. N'est-il pas utile que ceux qui souffrent de ces maux, qui sont lésés par les abus, protestent et s'agitent pour attirer l'attention sur eux et imposent même le remède ou la réforme qui sont devenus nécessaires **(Interpellation Sembat, à la Chambre des Députés, à propos de l'envahissement de la Bourse du Travail de Paris, par la police le 29 octobre 1903.)**

tats du vote de la loi seront considérables pour les bûcherons.

Le chemin parcouru est infime parce que l'ouvrier n'est pas assuré comme dans les autres corporations industrielles par le fait même qu'il travaille et il se trouve absolument dans les mêmes conditions qu'avant le vote de la loi.

Les résultats seront considérables parce que les travailleurs comprendront que seuls ceux qui seront puissamment organisés dans leurs syndicats seront garantis contre les conséquences des accidents du travail.

L'Œuvre du Congrès de Dun-sur-Auron.

Le Congrès tenu à Dun-sur-Auron (Cher) en septembre 1907 étudia la question dans toute son ampleur et après avoir décidé que la lutte pour l'extension de la loi de 1898 aux bûcherons et aux travailleurs agricoles serait continuée avec plus d'activité que jamais, il résolut de profiter des avantages, minimes il est vrai, mais existants, que leur apportait la loi nouvelle. Le secrétaire général fut chargé de rédiger et d'envoyer aux syndicats de bûcherons le manifeste ci-dessous, leur signalant la loi dont le vote récompensait leur activité et leur persévérance, et leur indiquant les moyens de profiter de ses avantages et de réaliser son application :

Fédération Nationale des Syndicats de Bûcherons de France et des Colonies

Siège social: La Guerche (Cher)

Aux Bûcherons, Aux Paysans

Camarades,

Indifférents du sort des travailleurs des campagnes, les législateurs ne se sont jamais préoccupés des détails de la vie, nécessaires, sinon à assurer leur bonheur, au moins à diminuer leurs souffrances dans le malheur.

Bûcherons ou paysans, seuls parmi tous les travailleurs nous ne sommes pas protégés par la loi du 9 avril 1898, accordant réparation aux victimes des accidents du travail.

Respectant les décisions des Congrès des Bûcherons, votre Fédération n'a pas cessé un seul instant de faire une active propagande afin d'obtenir pour tous les travailleurs des forêts et les ouvriers des champs les mêmes droits, dont, malgré les imperfections de la loi de 1898, jouissent tous les travailleurs.

Par l'action de votre Fédération, par l'incessante agitation de ses syndicats, par la volonté de ses adhérents, si nous ne sommes pas arrivés au but que nous rêvions nous avons cependant obtenu, grâce à notre effort permanent, un résultat appréciable. Si nous le voulons, si les bûcherons le veulent, s'il leur plaît de manifester leur puissance, demain, aujourd'hui même, ils jouiront en cas d'accidents des mêmes avantaes, des mêmes droits que tous les travailleurs de l'industrie.

Le Congrès de Dun-sur-Auron, devant lequel la question del'extension de la loi sur les accidents du travail a été examinée sous toutes les faces par les délégués, a décidé d'indiquer à tous les travailleurs de la terre et des bois le moyen d'en profiter.

Résultat prévu et attendu de l'agitation bûcheronne, le 18 juillet dernier une loi a été promulguée, grâce à laquelle ceux qui seront assez puissamment organisés, ceux qui voudront l'être, pouront partir le matin au bois avec la certitude que si un accident leur arrivait, eux-mêmes et les leurs, femmes et enfants seront à l'abri du besoin pendant la durée de la maladie du chef de la maisonnée, chargé d'assurer la vie par son travail et garantis contre les misères de l'avenir, s'il se faisait tuer à la coupe.

Un tel résultat est trop précieux, camarades bûcherons pour que nous y restions indifférents et pour que vous ne profitiez pas immédiatement des avantages que, de haute lutte, vous avez conquis et qui vous sont accordés.

La loi du 18 juillet 1907, vous permet d'être garantis contre les risques d'accidents, mais mieux que tous commentaires, le texte même de la loi vous dira la mesure des droits que désormais vous possédez.

La voici:

LOI DU 18 JUILLET 1907

Ayant pour objet la faculté d'adhésion à la législation sur les Accidents du Travail.

ARTICLE PREMIER. — **Tout employeur non assujetti à la législation concernant les responsabilités des accidents du travail peut se placer sous le régime de la dite législation pour tous les accidents qui surviendraient à ses ouvriers, employés ou domestiques, par le fait du travail ou à l'occasion du travail.**

Il dépose à cet effet à la mairie du siège de son exploitation ou, s'il n'y a pas d'exploitation, à la mairie de sa résidence personnelle, une déclaration dont il lui est remis gratuitement récépissé et qui est immédiatement transcrite sur un registre spécial tenu à la disposition des intéressés. Il doit présenter en même temps un carnet destiné à recevoir l'adhésion de ses salariés, sur lequel le maire appose son visa en faisant mention de la déclaration et de sa date.

Les formes de la déclaration et du carnet sont déterminées par décret. Le carnet doit être conservé par l'employeur pour être, le cas échéant, représenté en justice.

ART. 2. — **La législation sur les accidents du travail devient alors de plein droit applicable à tous ceux de ses ouvriers, employés ou domestiques, qui auront donné leur adhésion, signée et datée en toutes lettres par eux, au carnet prévu par l'article précédent.**

l'article premier de la loi du 21 juillet 1907, sous le régime de ladite législation, pour tous les accidents qui surviendraient à ses ouvriers, employés ou domestiques, par le fait du travail ou à l'occasion du travail, qui fait l'objet du présent contrat. »

A cet effet, il devra déposer à la Mairie du siège de l'exploitation, la déclaration prévue par l'article premier, paragraphe deux et trois de ladite loi et présenter en même temps le Carnet destiné à recevoir l'adhésion de tous les ouvriers, employés ou domestiques occupés à l'exploitation.

CAMARADES,

Les avantages de cette application de la loi ne pouvant exister que si les bûcherons sont suffisamment organisés pour les imposer dans tous les contrats de travail vous montrent que c'est seulement étroitement unis les uns aux autres que vous pouvez garantir le pain des vôtres, l'existence de vos femmes et de vos enfants.

Ouvriers bûcherons et agricoles tous au Syndicat.

Pour le Conseil Fédéral,

Le Secrétaire Général,
J. BORNET.

Les résultats obtenus.

Au début de la saison forestière 1907-1908 la question fut posée et discutée dans les nombreuses communes.

Dans la région de La Guerche (Cher) des syndicats obtinrent des avantages partiels, dans la région de Saint-Amand, l'exploitation des forêts ne fut commencée que très tardivement parce que les marchands de bois ne voulaient pas acquiescer à la demande ouvrière.

Un peu partout les discussions furent confuses. Si les ouvriers ne connaissaient pas la loi, arme nouvelle qu'ils ne savaient pas manier, les patrons ne la connaissaient pas davantage et chez eux, l'ignorance la disputait à la mauvaise foi. Des erreurs sans nombre furent répandues et dans certains cas, les patrons répondirent par des stupidités imbéciles et ridicules.

Seuls, les bûcherons de Dun-sur-Auron obtinrent satisfacton exigeant dans les contrats de travail, l'insertion de la clause votée par le Congrès et dont plus haut nous donnons le texte. En outre, le Syndicat nomma un délégué aux accidents (1) qui est chargé, dès qu'un accident se produit, de veiller à l'exécution de toutes les formalités prévues par la loi et de suivre l'accident jusqu'à son règlement définitif.

---

(1) Le délégué des bûcherons de Dun est le camarade Mauger, qui prit une part si active à l'organisation bûcheronne.

Voici à la date du 30 avril 1908 la liste des accidents survenus pendant la saison forestière à des syndiqués bûcherons de Dun-sur-Auron et les suites qui y ont été données.

Disons d'abord qu'il a été convenu avec la Sociétéd'Assurances que la journée moyenne du bûcheron est de 4 fr. Au terme de la loi chaque journée de maladie est donc réglée à deux francs.

5 *décembre* 1907 : *Jubert Père.* — Blessure d'épine à la main droite ayant amené phlegmon occasionnant une incapacité partielle d'un doigt. Le blessé a touché le 2 février 1908, 112 francs pour 56 jours de maladie en acompte sur l'indemnité totale. (1)

— *Jolivet-Pasdeloup,* piqûre d'épine, phlegmon à la main droite. Incapacité temporaire de 41 jours. A touché 82 fr.

— *Quenet Léon,* piqûre d'épine, phlegmon du 2e doigt de la main gauche, 25 jours d'incapacité temporaire. A touché 50 francs.

— *Gosard Jean,* président du Syndicat. Coup de cognée sur le cou-de-pied, blessure faite par son camarade en abattant un chêne. Incapacité temporaire de deux mois. A touché 120 francs.

— *Ventôse Emile,* piqûre d'épine au pouce. Incapacité temporaire de 13 jours. A touché 26 francs.

— *Margot Jean,* foulure à la main. Incapacité temporaire de 31 jours. A touché 62 francs.

— *Martin Gilbert,* piqûre d'épine. A touché 10 francs pour 9 jours de maladie. Ayant été moins de 10 jours malade, les 4 premiers jours n'ont pas été payés (2).

— *Foltier Joseph,* coup de cognée à la jambe. Incapacité temporaire de 17 jours. A touché 34 francs.

— *Bernon,* coup de cognée à la jambe le 4 mars 1908, non encore réglé à la date indiquée.

---

(1) Au moment de la mise en pages de la brochure, j'apprends que l'accident Jubert est définitivement réglé.

Le phlegmon a amené l'ankylose de deux doigts, le majeur le l'annulaire de la main droite.

Jusqu'au mois de Mai, soit pendant cinq mois, Jubert a touché 2 francs par jour. A cette date la blessure a été consolidée définitivement et le blessé touchera sa vie durant une rente annuelle de 90 francs comme indemnité pour son invalidité partielle.

Les deux parties se sont mises d'accord pour fixer le salaire de base et estimer que le salaire moyen annuel du blessé était de 900 francs et pour considérer que l'invalidité permanente et partielle diminuait sa capacité de travail de deux dixièmes, fixant ainsi d'après la loi la rente à un dixième.

Cet exemple est significatif, que les intéressés le méditent.

(2) Article 3 de la loi.

Enfin *Quenet-Touraton* (piqûre d'épine) et *Cottant Camille* (tombé, du haut d'un chêne) n'ont rien touché parce que la durée de la maladie a été moindre de quatre jours (1).

Nous enregistrons avec joie ces premiers résultats, d'abord parce qu'ils nous apprennent que des camarades victimes d'accidents du travail ont reçu gratuitement les soins que comportait leur état et que pendant leur maladie, leur famille n'a pas connu la douleur des privations et les affres de la misère; aussi et surtout parce que le Syndicat des bûcherons de Dun-sur-Auron donne par des exemples frappants à tous les autres syndicats bûcherons, la preuve que la loi est facilement applicable aux travailleurs des forêts.

En outre cette tentative qui a si parfaitement réussie, et qui ne pouvait pas ne pas réussir, donne un démenti flagrant et brutal, aux parlementaires ignares et stupides, ennemis des paysans dont pourtant ils sollicitent les suffrages, qui, du haut de leur perchoir ,ont toujours écarté les bûcherons des bénéfices de la loi sur les accidents du travail sous le vain prétexte que son application dans les forêts rencontrait des difficultés insurmontables..

En ce qui concerne l'agriculture proprement dite, il est possible que l'on rencontre quelques difficultés, cependant facile à solutionner avec quelque bonne volonté.

On voit qu'il en est tout autrement pour ce qui est du travail des forêts ou en cas d'accidents, les choses se passent ainsi que nous l'avons toujours prétendu exactement comme dans l'industrie.

C'est donc par une indifférence bien coupable, par un abus de puissance sans nom que le Sénat donnant aux bûcherons, contrairement à la réalité des faits, la qualité de travailleurs agricoles, les a toujours écartés du rayon de protection de la loi.

Agriculture, sylviculture et exploitation.

Nous en aurions fini avec la discussion si nous ne voulions détruire le dernier et le suprême argument du Sénat, des tribunaux et des patrons marchands de bois.

Les bûcherons, disent ces messieurs, sont des ouvriers agricoles, parce que la sylviculture est une des formes de l'agriculture.

En effet, la sylviculture est une des formes de l'agricul-

(1) Ceux qui prétendent, ainsi qu'on l'a vu d'autre part, que seule la surveillance détermine la responsabilité, pourront nous dire comment ils s'y seraient pris, quelles mesures de précaution ils auraient bien pu ordonner pour éviter ces accidents.

ture, nous n'avons jamais cherché à le nier, mais l'exploitation des bois n'est pas de la sylviculture.

Ce sont deux choses bien différentes.

La sylviculture est l'aménagement et la mise en valeur de la forêt par son propriétaire.

Dans l'exploitation de la forêt, l'industriel ou le commerçant acheteur des produits ou même le propriétaire, se bornent à les enlever pour les utiliser ou en tirer un bénéfice.

Si nous voulions nous livrer au paradoxe nous pourrions dire que l'exploitation des forêts est le contraire de la sylviticulture, car, alors que l'une crée la forêt et la met en valeur, l'exploitation détruit ce que la sylviculture a fait. Ce que les deux choses ont de commun, c'est qu'elles sont exactement le contraire l'une de l'autre.

On n'a encore jamais vu de marchands de bois poussant la prétention ou l'ironie jusqu'à se dire sylviculteurs.

Pourquoi alors prétendre que les bûcherons le sont en exécutant un travail ordonné par le marchand de bois?

Si l'on est d'accord pour considérer le fermier qui engraisse le bétail, fait de l'élevage, nul n'osera prétendre que le boucher qui tue la bête, continue cet élevage et est éleveur sous prétexte qu'il met fin à l'œuvre commencée par le paysan à la ferme.

C'est exactement le cas du bûcheron frappant à mort l'arbre altier qui a existé et grandi dans la forêt profonde et vigoureuse, grâce aux soins du sylviculteur.

L'Œuvre à accomplir.

Nous avons montré que appliquant le principe de droit « que nul ne peut s'imposer des obligations contraires aux lois ou non prévues par elles » les tribunaux annulaient les contrats d'assurance signés pour des professsions non assujetties.

Les syndicats bûcherons qui sauront faire introduire dans leurs contrats, la clause votée au Congrès de Dun-sur-Auron, garantissant le personnel employé, contre les risques d'accidents devront exiger que l'assujettissement ait lieu sous la garantie et dans les formes indiquées par la loi du 18 juillet 1907 et par le décret ministériel du 30 juillet 1907 (1).

---

(1) Les intéressés trouveront à toutes les mairies, dans le **Recueil des Actes Administratifs**, le modèle de la déclaration et du carnet, les deux pièces qui mettent les ouvriers sous la protection de la loi. Ils le trouveront encore dans le **Bulletin de l'Office du Travail** (octobre 1907, page 1088) que tous les syndicats reçoivent. En cas de difficultés, le Secrétaire de la Fédération indiquera la marche à suivre. Dans tous les cas, le tenir au courant.

La déclaration à la Mairie est indispensable, parce que un fonds spécial existe à laCaisse des Dépôts et Consignations, pour garantir les ouvriers victimes d'accidents ou leurs familles contre l'insolvabilité éventuelle du chef de l'entreprise ou de la Compagnie d'assurance.

Ce fonds est constitué par l'établissement d'une taxe additionnelle de un centime et demi à la contribution des patentes à la charge de l'ensemble des industriels soumis à l'application de la loi.

Vers l'Avenir.

La nouvelle loi ne protégera que ceux qui seront organisés. Involontairement, il n'y a pas de doute, le Parlement a voté un projet qui est une prime à l'organisation ouvrière, une récompense aux syndicats. Sa timidité même est un avantage et donnera la force à nos organisations.

Comment un individu isolé pourra-t-il exiger de son patron l'assujettissement volontaire ?

Par suite des conditions modernes de la vie, comme dit l'adage ancien :

L'homme est un loup pour l'homme

et le système capitaliste qui nous opprime rend vrai au XXe siècle, une phrase qui ne devrait s'appliquer qu'aux hommes des premiers âges. Dans les milieux inorganisés, les ouvriers sont en concurrence avec eux-mêmes et très habilement, les employeurs spéculent sur cette fatalité. Donc, si un ouvrier isolé osait demander à son patron l'assujettissement facultatif, ce dernier ne manquerait pas, en jetant les hauts cris de prier le travailleur de quitter une maison, dont il veut, hurlera-t-il, ruiner le propriétaire.

Mais si au lieu d'un seul travailleur, tous ceux d'une corporation, comme les bûcherons et les cultivateurs, sont groupés et étroitement unis dans leurs syndicats et les syndicats dans leur Fédération, l'autocratisme séculaire du patronat disparaîtra devant la puissance formidable des travailleurs conscients et organisés.

Ce que par l'entente, les bûcherons ont déjà obtenu dans les travaux des champs ou dans ceux des forêts, leur montre ce qu'ils pourront encore obtenir.

Combien ceux qui, par leur effort persistant et leur énergie auront obtenu l'adhésion de leur patron à la loi du 18 juillet 1907, pourront être fiers des résultats acquis ! Quel terrible souci, pour celui qui, blessé au commencement de la saison forestière, perd son salaire et subit cette terrible torture morale de penser que si par suite de l'accident dont il est victime, le salaire manque, la misère entre au foyer, en plein hiver, la femme et les enfants manquent de pain, la malade est privé des soins nécessaires et indispensables pour reprendre le plus vite possible son travail.

C'est que sourd à nos appels répétés, dans son seul intérêt, il n'a pas su ou pas voulu se grouper avec ses camarades de travail, augmentant par son adhésion et son activité la force de son Syndicat qui, plus puissant, aurait mieux pu réussir à exiger l'application de la loi.

Je me suis souvent fait l'idée de l'épouvantable torture morale qui doit ressentir l'homme frappé en plein travail et rapporté mourant à la maison, au moment où après avoir jeté un dernier et suprême regard autour de lui, aux choses qui lui sont familières, à ceux qui l'entourent, les yeux baignés de larmes, à celle qui va être veuve, aux enfants qui vont se trouver sans protection et aussi sans pain. A ce moment, avec cette acuité de pensée des agonisants, il doit songer que si pour lui, les douleurs de la vie sont terminées, il laisse sans ressources, sa femme, ses enfants, la joie de ses retours du dur labeur.

Il sait qu'après sa mort, à lui hardi et courageux compagnon, tous vont se trouver dans une misère cruelle, que l'affectueuse fraternité que l'on trouve si communément dans nos campagnes, ne pourra que bien légèrement atténuer. Pour tous, les charges de famille sont nombreuses et les salaires modiques.

Celui qui, se sauvant de la mort, restera estropié, incapable de tout travail et à charge à sa famille, ne pensera-t-il pas que lorsqu'il était valide, il a commis une grave faute contre les siens qu'il aime comme on sait aimer dans le Peuple, à l'âme si généreuse, si par sa mollesse et par son indifférence, il n'a pas su avoir la volonté de penser à l'avenir. Lui, le courageux et vaillant travailleur, frappé en pleine santé, au milieu du travail qui enrichit les maîtres et les parasites, il n'aura d'autres ressources que d'aller de domaine en domaine, solliciter l'aumône qui l'empêchera de mourir de faim.

Ah ! bien imprudents seront ceux-là. Ils seront bien coupables d'avoir manqué au devoir impérieux que leur imposait leur responsabilité de chef de famille.

A l'œuvre, bûcherons.

L'étroite cohésion des salariés, a déjà donné de merveilleux résultats dans nos campagnes, et c'est là une des conséquences de la puissance syndicale, organisatrice future de la production, groupant et armant les travailleurs pour un même résultat à obtenir, intervenant dans toutes les circonstances pour améliorer les conditions de l'existence des travailleurs et atténuer les conséquences de l'exploitation capitaliste.

Seuls, ceux qui conscients de leur devoir seront groupés. Seuls ceux qui seront forts. Seuls ceux qui selon la forte parole de Tolstoï, comprendront « que le Salut est en eux » et ne l'attendant pas d'une puissance extérieure qu'ils ignorent, participeront à la lutte trouveront immédiatement la récompense et dans le cas qui nous occupe en s'assurant pour eux les bénéfices de la loi sur les accidents du travail.

Les autres ne pourront s'en prendre qu'à eux-mêmes, si dans le malheur, ils ne rencontrent aucun appui, aucun soutien.

Les travailleurs tous groupés dans leurs syndicats, les syndicats reliés dans leurs Fédérations et leurs Bourses du Travail, constituant une Confédération Générale du Travail puissante pourront tout espérer, tout oser.

Paris — St-Amand.
Juillet-août 1908.

La Fédération Nationale des Syndicats de Bûcherons

SON ORIGINE, SON PASSÉ, SON BUT

Le vaste mouvement revendicatif de 1892-93, donnant aux bûcherons l'illusion d'un peu plus de bien-être, avait également fait germer en eux, des idées de groupement et d'organisation. Ils comprirent et se souvinrent que, s'unissant dans la lutte, coordonnant et rassemblant leurs efforts, ils avaient pu imposer leurs conditions, avoir raison des exploitants forestiers et se soustraire en partie à la tyrannie d'un patronat rapace, égoïste, prétentieux, habitué à commander en maître, à ne voir au-dessous de lui que misère et résignation.

Courbé sous le joug, asservi par des siècles d'oppression, rivé à la forêt qui l'avait vu naître, séparé du reste du monde, le bûcheron formait pour ainsi dire, un prolétariat à part, qui ne connaissait rien du passé, sinon la misère et les privations qu'il avait constamment supportées. Aussi, dans ce cerveau fruste, inculte, mais plein de bon sens et d'idéalisme, les idées de justice et d'émancipation devaient-elles trouver un terrain fécond, prêt à recevoir la bonne semence que ne tardèrent pas à y jeter à pleines mains quelques militants venus des villes.

Lorsque, chez les bûcherons poussés, aiguillonnés par l'extrême misère, il fut pour la première fois, question de grèves, de revendications, les esprits s'éveillèrent immédiatement, les énergies se concentrèrent, le sang se mit à bouillonner dans les veines, afflua vers le cerveau et chaque bûcheron se métamorphosa en un puissant lutteur prêt à tout pour arracher quelques améliorations.

C'est ce qui explique en partie la soudaineté, la violence et la rapidité avec laquelle s'étendirent dans tout le centre de la France les grèves de 1892-93.

Pour profiter des avantages de ce mouvement, il fallait nécessairement que les syndicats qui venaient de naître à la suite des circonstances que je viens de rapporter, fussent unis par un lien commun, par un organisme central, chargé de coordonner les efforts, de rassembler et de concentrer toutes les forces bûcheronnes, afin d'exercer une pression plus forte et de poursuivre une campagne d'organisation suivie et méthodique pour conserver les avantages acquis, car, les marchands de bois ne perdaient pas tout espoir de reprendre ce qu'ils s'étaient vus contraints d'accorder.

Réunis au Congrès de Meillant (Cher) le 27 mars 1892, les syndicats de bûcherons du Cher constituèrent la Fédération départementale des Bûcherons du Cher. Mais, soit que cette Fédération exerçat une action trop limitée, puisqu'elle laissait en dehors d'elle les milliers de bûcherons de la Nièvre, de l'Yonne et des autres parties de la France, soit qu'elle ne fut pas à hauteur de sa tâche, ou soit encore que l'idée d'organisation ne fut pas suffisamment développée chez les bûcherons, la Fédération ne tarda pas à succomber sans laisser de traces importantes de son existence.

Ce premier essai de groupement fédératif, avait permis de mesurer toute l'importance et toute la force que pourrait avoir une organisation groupant non pas seulement les travailleurs d'une contrée, mais bien les bûcherons de toutes les régions, exerçant son action sur toute la France, étendant ses ramifications dans tous les centres boisés. C'est en s'inspirant de ce principe que la Bourse du Travail de Bourges conçut le projet de réunir en un faisceau compact tous les syndicats de bûcherons existant sur les différents points de la France.

Après des appels successifs et une propagande acharnée, la tenue d'un Congrès national fut décidée pour le 29 juin 1902.

Ce congrès se tint à Bourges et eut une importance plus grande qu'on ne l'espérait. 49 syndicats y furent représentés, dont 22 du Cher, 3 de l'Indre, 4 de la Nièvre, 4 de l'Allier et 17 de l'Yonne. Il fut tout entier d'organisation, il approuva les statuts élaborés par la Bourse du Travail de Bourges, fixa le taux de la cotisation mensuelle à 5 centimes par membre, nomma le Conseil fédéral chargé de la direction et de l'administration de la Fédération et fixa le siège social à La Guerche (Cher).

Le but de la nouvelle organisation étant nettement défini par l'article 2 des statuts, le Conseil fédéral s'employa de son mieux à poursuivre ce but.

Un mois après le Congrès de Bourges, 33 syndicats avaient donné leur adhésion, au mois de janvier 1903, ce chiffre s'élevait à 39 et au 1er juillet suivant à 47.

Le 30 août de la même année, tous les syndicats de bûcherons, fédérés ou non, étaient convoqués à nouveau et se réunissaient à la Maison du Peuple de Nevers. C'était le 2e Congrès national des Bûcherons; 58 organisations étaient représentées. Elles appartenaient aux régions suivantes: 30 pour le Cher, 1 pour l'Allier, 1 pour l'Eure, 1 de la Haute-Marne, 2 de l'Indre, 1 du Jura, 2 du Loiret, 13 de la Nièvre, 6 de l'Yonne; la Confédération Générale du Travail était représentée par son Secrétaire.

Ce congrès demanda pour la première fois l'extension de toutes les lois ouvrières aux travailleurs forestiers et agricoles: loi sur les accidents du travail, assurance, retraites, etc., et la préparation d'un règlement mettant en demeure l'administration de traiter directement avec les organisations syndicales des prix et conditions de bois de l'Etat.

Ce fut là l'œuvre du Congrès et il fut décidé qu'une délégation bûcheronne se rendrait au Ministère de l'Agriculture pour présenter les revendications formulées par le Congrès et demander également la création de tribunaux de prud'hommes pour l'agriculture, ainsi que la non admission aux adjudications des forêts domaniales des marchands de bois qui, en cas de grèves, refuseraient de se conformer aux prescriptions de la loi du 27 décembre 1892 sur l'arbitrage et la conciliation. Le Congrès vota un ordre du jour demandant l'insertion parmi les clauses du cahier des charges, pour l'exploitation des bois appartenant aux communes, aux départements et à l'Etat, des conditions prévues par les décrets du 10 août 1899, et spécialement la fixation d'un tarif minimum des façons, arrêté d'accord entre l'Administration forestière et les syndicats bûcherons, ainsi que le renouvellement de l'essai de l'exploitation directe pour la façon des bois domaniaux.

C'était là une tâche immense qu'avait à accomplir la Fédération, et qui devait nécessiter de nombreuses années de travail et d'organisation.

Au Congrès d'Auxerre tenu le 4 septembre 1904, les mêmes questions revinrent en discussion. Les organisations représentées au nombre de 63 confirmèrent les décisions prises au Congrès de Nevers.

Pendant ce temps, grâce à une propagande intense, les adhésions affluaient et la Fédération comptait 71 syndicats au 1er août 1904. 42 de ces syndicats participaient au Congrès national corporatif de Bourges qui se tint du 12 au 20 septembre de la même année; la Fédération elle-même s'y fit représenter par 3 délégués.

C'est à la suite de ce congrès qu'eut lieu une conférence entre les délégués : des Bûcherons, des ouvriers agricoles du Midi et des ouvriers horticoles et que furent jetées les bases d'une fédération terrienne.

Le Congrès de La Guerche tenu les 24 et 25 septembre 1905 et auquel prirent part 79 syndicats, s'occupa outre des questions déjà discutées aux congrès d'Auxerre et de Nevers, de la coopération, de la propagande économique, de la question agraire, de la journée de 8 heures, de l'extension à l'agriculture du bénéfice de la loi du 2 novembre 1892 modifiée par celle du 30 mars 1900, sur le travail des enfants, des filles mineures et des femmes dans les établissements industriels, d'un projet d'unification des statuts de syndicats et de la création d'un organe corporatif.

A cette date, la Fédération groupait 91 syndicats ainsi répartis : 49 dans le Cher, 6 dans l'Allier, 14 dans la Nièvre, dont plusieurs contiennent de nombreuses sections, 8 dans l'Yonne, 2 dans l'Indre, 2 dans le Loiret, 1 dans le Loir-et-Cher, 1 dans l'Aube, 1 dans le Jura, 1 dans la Haute-Marne, 1 dans la Vendée, 1 dans les Deux-Sèvres, 1 dans la Seine-Inférieure, 1 dans l'Eure, 1 dans les Ardennes et 1 dans la Côte-d'Or.

Le 20 février 1906 le premier numéro du *Bûcheron*, organe de la Fédération paraissait et sonnait le rappel dans les centres boisés.

Les 1 et 2 septembre suivant le Ve Congrès fédéral se tenait à Lurcy-Lévy (Allier). 57 syndicats avaient envoyé leur adhésion et étaient représentés par 45 délégués. La discussion porta sur l'application des décisions votées dans les congrès précédents, sur l'Union fédérative terrienne, sur l'obligation pour les syndicats fédérés de prendre un nombre de journaux correspondant au quart de leur effectif cotisant, sur l'attitude de la Fédération à l'égard des partis politiques, sur le Congrès confédéral d'Amiens, la modification des statuts fédéraux, la réduction des tarifs de chemin de fer pour les délégués se rendant aux Congrès et sur l'exploitation directe des bois de l'Etat par les syndicats de bûcherons.

Mais l'étape la plus importante est certainement celle marquée par le Congrès de Dun-sur-Auron (Cher) tenu les 22 et 23 septembre 1907 et qui réunit 62 organisations bûcheronnes représentées par autant de délégués. Les idées émises et défendues dans les précédents congrès prirent corps, se matérialisèrent et entrèrent dans la vie pratique. C'est ainsi que la propagande reçut une impulsion nouvelle par l'augmentation de la cotisation fédérale qui fut portée à 10 centimes par membre et par mois, par la fusion des organes terriens et la transformation du *Bûcheron*, qui fut agrandi et devint *Le Travailleur de la Terre*, par l'augmentation de l'indemnité du secrétaire, qui se donna dès lors presque tout entier aux besoins de la Fédération, par le service gratuit du journal à tous les syndiqués, ce qui permit de mieux nous faire connaître et de faire pénétrer partout nos idées et nos conceptions et de faire ainsi de nouvelles recrues au syndicalisme.

Le Congrès a également donné aux syndicats le moyen de retirer les plus grands avantages de la loi du 18 juillet 1907 sur l'assujettissement facultatif à la législation sur les accidents du travail en rédigeant une clause qui, insérée dans les contrats de travail, permet à tout ouvrier bûcheron d'être assuré contre les accidents qui pourraient l'atteindre. 3 syndicats déjà, au cours des exploitations de l'année 1907-08, ont recueilli les avantages de notre action, sans compter les nombreuses organisations qui ont obtenu des indemnités assez élevées.

La Fédération ne s'est pas seulement occupée des questions purement professionnelles, elle a également envisagé l'avenir et a étudié les questions techniques. Elle a donné de sages conseils à l'Administration forestière sur l'aménagement, l'exploitation et la conservation des taillis, en même temps qu'elle dénonçait tous les dangers d'un déboisement insensé et désastreux qui ruine à la fois les populations bûcheronnes et le massif forestier de la France.

Examiner en détail tous les avantages moraux et matériels qu'a procuré aux bûcherons l'organisation fédérale est presque inutile. Chacun sait que les salaires ont triplé en l'espace de quinze années et que cette augmentation de salaires va toujours en augmentant à mesure que diminue la durée de la journée du travail. Presque partout, aujourd'hui cette journée est réduite à 10 heures et dans certaines régions elle ne dépasse pas 9 heures.

Ce sont là des résultats inappréciables qui montrent suffisamment ce que peut donner une organisation forte et disciplinée poursuivant un but déterminé. Mais il est bon de dire aussi que tous les jours, dans toutes les circonstances, notre action s'est fait sentir. Du 25 septembre 1907 au 1er août 1908, les délégués de la Fédération ont pris la parole dans plus de 60 réunions syndicales, expliquant, démontrant, analysant les avantages du syndicalisme et du fédéralisme.

A cette date du 1er août, la Fédération compte 102 syndicats parfaitement organisés poursuivant tous le même but : l'émancipation intégrale des travailleurs.

Cette question de l'assurance, qui fait l'objet de la présente brochure, sera sous peu étendue à tous les exploités de la forêt et le cadre de la loi du 18 juillet 1907 étant reconnu absolument insuffisant sera remplacé par une loi plus large qui mettra le bûcheron et les siens à l'abri du besoin lorsqu'un accident viendra le frapper, au travail, occupé à produire pour sa famille et pour l'humanité.

Je m'arrête, bien que je sache que ce que je viens d'écrire n'est qu'un pâle reflet et un résumé trop succinct de l'œuvre accomplie par la Fédération, depuis sa fondation, je suis persuadé néanmoins que ceux qui nous liront comprendront que c'est là une œuvre imposante qui nous permet de pouvoir au mieux augurer de l'avenir. Quand les millions de travailleurs ruraux auront reconnu que le salut est dans l'organisation syndicale et qu'ils ne voudront plus être les exploités d'hier nous serons bien prêts d'avoir atteint notre but et l'Egoïsme et l'Exploitation feront place à la Justice, à la Fraternité et à l'Egalité, véritable source du Bonheur.

J. BORNET,

Secrétaire de la Fédération Nationale des Syndicats de Bûcherons de France et des Colonies.

www.ingramcontent.com/pod-product-compliance
Ingram Content Group UK Ltd.
Pitfield, Milton Keynes, MK11 3LW, UK
UKHW021009220726
13924UKWH00002B/928

9 782019 961626